U0253823

中等体积分数 SiCp/Al 复合材料的组织与性能

郝世明　柳　培　谢敬佩　王爱琴　著

北　京

冶金工业出版社

2024

内 容 提 要

本书以光学/仪表级复合材料为应用背景，以高比模量、高比强度、低膨胀、高导热及高尺寸稳定性等性能为目标，针对中等体积分数 SiCp/Al 复合材料的制备及性能调控难题，介绍了粉末冶金法制备 SiCp/Al 复合材料优化工艺，通过碳化硅颗粒尺寸调控实现复合材料的性能改进，进一步介绍了不同碳化硅颗粒尺寸调控下复合材料的力学性能、界面、热物理性能和热加工性能，阐明了复合材料性能、微观结构、热物理性能及热加工行为与碳化硅颗粒尺寸和体积分数的关联性。

本书可供金属基复合材料领域的工程技术人员、高校教师及研究生阅读参考。

图书在版编目 (CIP) 数据

中等体积分数 SiCp/Al 复合材料的组织与性能 / 郝世明等著 . -- 北京 ：冶金工业出版社，2024.9. -- ISBN 978-7-5024-9987-7

Ⅰ. TN304.2

中国国家版本馆 CIP 数据核字第 2024YA3832 号

中等体积分数 SiCp/Al 复合材料的组织与性能

出版发行	冶金工业出版社	电　话	(010) 64027926
地　址	北京市东城区嵩祝院北巷 39 号	邮　编	100009
网　址	www.mip1953.com	电子信箱	service@ mip1953.com

责任编辑　张熙莹　美术编辑　彭子赫　版式设计　郑小利
责任校对　范天娇　责任印制　禹　蕊
三河市双峰印刷装订有限公司印刷
2024 年 9 月第 1 版，2024 年 9 月第 1 次印刷
710mm×1000mm　1/16；10.5 印张；204 千字；158 页
定价 75.00 元

投稿电话　(010) 64027932　投稿信箱　tougao@cnmip.com.cn
营销中心电话　(010) 64044283
冶金工业出版社天猫旗舰店　yjgycbs.tmall.com
(本书如有印装质量问题，本社营销中心负责退换)

前　言

　　碳化硅颗粒增强铝基复合材料（SiCp/Al）具有低密度、高比模量、低膨胀和高导热性等多方面优异性能，在航空航天领域逐渐得到了规模应用。先进航空航天飞行器不断追求轻量化、高性能化、长寿命、高效能的发展目标带动了轻质高强多功能颗粒增强铝基复合材料的持续发展。光学/仪表级的中等体积分数（30%~45%）SiCp/Al复合材料具有很好的功能化特性，它们的比模量比传统航空材料钛合金和铝合金高出一倍，尺寸稳定性比铍材还要优越，并且还有与铍材及钢材接近的低热胀系数，可代替高成本高污染的铍材用作惯性器件，并被誉为"第三代航空航天惯性器件材料"，另外在光学精密构件上的应用也越来越受到重视。

　　功能和性能的可设计性是SiCp/Al复合材料的突出特点。关于SiC颗粒尺寸对SiCp/Al复合材料力学性能、组织结构和热物理性能的影响规律还缺乏系统的研究，远未达到通过改变SiC颗粒尺寸来设计复合材料性能的目的。对于粉末冶金法制备SiCp/Al复合材料的制备加工工艺和组织性能关系的研究也不充分、不深入；对界面结构与多尺度第二相协同作用下组织演变与强化机理缺乏系统研究，对热加工过程中增强体尺寸对基体组织和加工性能的影响规律及相应的变形机制等方面的认识还很不完善，致使该材料的应用和发展受到制约。本书作者团队在国家"863计划"项目和国家自然科学基金项目（51371077，52171138）的支持下，十余年来一直致力于轻质、高强、低膨胀中等体积分数SiCp/Al复合材料的开发与应用研究，通过调整增强体SiC颗粒的体积分数、制备工艺、热处理技术和界面等，达到调节SiCp/Al复合材料性能的目的。

　　本书介绍了以光学/仪表级复合材料为应用背景，以高比模量、高比强度、低膨胀、高导热及高尺寸稳定性等性能为目标的材料设计和研究方法，利用粉末冶金法，添加不同体积分数、不同尺寸 SiC 颗粒到 2024Al 合金基体中，通过工艺优化制备复合材料获得上述性能。采用透射电子显微镜、扫描电子显微镜、光学显微镜、热膨胀仪、电子拉伸机、硬度计、X 射线衍射仪、激光热导仪和 Gleeble 热力模拟机等手段，研究了 SiC 颗粒的加入对 SiCp/Al 复合材料显微组织、力学性能、热物理性能和热加工性能等的影响，并深入研究了其作用机理；揭示了制备工艺参数和 SiC 颗粒变化对材料的组织及其性能（力学、热物理和热加工性能等）的影响规律，提出了粉末冶金法生产光学/仪表级 SiCp/Al 复合材料最优制备工艺和成分设计准则，为复合材料的制备提供理论指导，实现高性能、轻质、低膨胀铝基复合材料的研发；通过探索复合材料界面结构与多种第二相协同作用下的组织演变与性能的关系，阐明了不同组分间界面结构及不同界面类型；通过分析第二相多尺度析出机理，揭示了界面效应与第二相协同作用的性能强化机制和热变形机制，构建了制备工艺变量及成分设计准则，为该技术在我国的工程应用提供坚实的理论依据和技术支持。

本书系统论述了 SiCp/Al 复合材料性能、微观结构、热物理性能及热加工行为与碳化硅颗粒尺寸和体积分数的关联性，为 SiCp/Al 复合材料的可控制备及应用提供理论支持与技术支撑，可供从事金属基复合材料领域的工程技术人员、高校教师及研究生阅读参考。

全书共 6 章，第 1~3 章、第 5 章和第 6 章 6.1~6.4 节由郝世明教授撰写；第 4 章由柳培副教授撰写；第 6 章 6.5 节由谢敬佩教授撰写；第 6 章 6.6 节由王爱琴教授撰写。全书由郝世明教授统稿。

河南科技大学王文焱教授、李炎教授，以及硕士研究生王行、孙亚丽、刘鹏茹等做了部分实验、数据处理及有关编写材料的准备工作。

本书是作者团队长期科研、教学及工程应用工作的总结。由于作者水平所限，书中不足之处恳请读者批评指正，在此表示衷心的感谢。

郝世明

2024 年 2 月于洛阳

目　　录

1 绪 论

1.1 SiCp/Al 复合材料介绍

1.1.1 概述

先进航空航天飞行器不断追求轻量化、高性能化、长寿命、高效能的发展目标带动了轻质高强多功能颗粒增强铝基复合材料的持续发展[1]。碳化硅颗粒增强铝基复合材料（SiCp/Al）具有低密度、高比模量、低膨胀和高导热性等多方面优异性能，经过各发达国家多年的开发，在航空航天领域逐渐得到了规模应用[2-5]，成为继铝合金和钛合金后的新型结构材料，成为当今金属基复合材料发展与研究的主流[6-8]。对于 SiCp/Al 复合材料而言，高体积分数（SiC>50%）复合材料由于脆性相含量非常高而导致塑韧性很低，应用受到一定的限制。与低体积分数的结构级 SiCp/Al 复合材料相比，光学/仪表级的中等体积分数（30%~45%）SiCp/Al 复合材料具有很好的功能化特性，它们的比模量比传统航空材料钛合金和铝合金高出一倍，这种复合材料的尺寸稳定性比铍材还要优越，并且还有与铍材及钢材接近的低热胀系数，可代替高成本高污染的铍材用作惯性器件，并被誉为"第三代航空航天惯性器件材料"[9]；另外在光学精密构件上的应用也越来越受到重视[8]，该种复合材料被认为是新一代的光学反射镜材料。

功能和性能的可设计性是 SiCp/Al 复合材料的突出特点，复合材料的性能可以通过调整增强体 SiC 颗粒的体积分数[10-11]、制备和热处理工艺[12-13]、SiC 颗粒形状[14]和颗粒尺寸[15-19]等来实现。如果能在增强体 SiC 颗粒的体积分数不需太大变动的情况下，只是改变 SiC 颗粒尺寸去充分发挥颗粒强化的有利作用，达到调节复合材料性能的目的，还能降低成本，是很好的设计方法。但目前关于 SiC 颗粒尺寸对 SiCp/Al 复合材料力学性能、组织结构和热物理性能的影响规律还缺乏系统的研究，远未达到通过改变 SiC 颗粒尺寸来设计复合材料性能的目的。对于粉末冶金法制备 SiCp/Al 复合材料的制备加工工艺和组织性能关系的研究也不充分、不深入；对界面结构与多尺度第二相协同作用下组织演变与强化机理缺乏系统研究，对热加工过程中增强体尺寸对基体组织和加工性能的影响规律及相应的变形机制等方面的认识还很不完善，致使该材料的应用和发展受到制约。目前，对 SiCp/Al 复合材料进行深入研究受到各国学者和政府的重视，对该种材料制备工艺、界面特性、第二相的析出、工程应用状态下的失效机理、热加工等方面的研究已成为国际上近年来材料学科领域一个十分活跃的前沿课题。

1.1.2　SiCp/Al 复合材料的分类

金属基复合材料通过不同的设计和制备方法可分为结构级、仪表级、光学级和电子封装级等，其中仪表级、光学级 SiCp/Al 复合材料在国际上被认为是有望替代铍材的新材料[20]。精密仪表对材料的要求特殊，如惯性器件对材料的性能要求热膨胀系数适宜，与轴承钢相匹配，要求线膨胀系数在 $(11\sim12)\times10^{-6}\ K^{-1}$；反光镜对材料要求为低密度、高弹性模量、热膨胀匹配（与镀 Ni 层）和高尺寸稳定[21]。由于 SiCp/Al 复合材料具有低成本、易制备、各向同性、高的比强度、比模量、较低的热膨胀系数及尺寸稳定性良好等一系列优良特性，国外已经将其应用于航空、航天等精、尖端领域。SiCp/Al 复合材料可以通过设计兼顾上述光学系统所要求的性能，在光学成像系统、精密光学仪表结构件等精密器件中有广泛的应用前景[22]。

1.1.3　SiCp/Al 复合材料的应用

国外已经形成一批生产颗粒增强铝基复合材料的公司，具有很强的研发能力并已形成较大的生产规模，如英国 AMC 公司、加拿大 Alcan 公司、英国 Osprev 公司、美国 Alyn 公司、美国 Lanxide 公司等，并且成功应用于航空航天领域[23-28]。美国用成本比铍材降低 2/3 的 SiCp/Al 代替铍材，用于惯性制导系统和三叉戟导弹的惯性导向球等；美国洛克希德·马丁公司和 DWA 公司联合研发生产的 25% SiCp/Al 可用于飞机上电子设备的支架；英国航天金属基复合材料公司（AMC）研制的 SiC/Al 复合材料以其优越的高刚度、耐疲劳性能，已应用于法国生产的 EC 120 新型民用直升机；美国 ACMC 公司和亚利桑那大学光学研究中心联合研制成空间望远镜和反射镜，重量大大减轻，已成功用于空间遥感器中的高速摆镜和卫星太阳反射镜等；美国海军飞行动力实验室已经研制成 SiCp/Al 复合材料应用于卫星的惯导平台和支撑构件上；美国 ACMC 公司生产的体积分数为 30%~35% 的 SiCp/2024 Al 复合材料，用于起落架、加强筋和弦形梁等飞机结构件。美国 Alyn 公司和 DWA 公司均投入大量资金不断扩大生产规模，旨在迅速占据 SiC/Al 复合材料在航天、电子和汽车等领域的应用市场；1997 年美国制造商还自发组成了铝基复合材料联合体，看中了前景广阔的应用市场，强强联合以促进 SiCp/Al 复合材料的研究、开发和应用。国内的主要研究单位有中国有研科技集团有限公司、北京航空材料研究院、中科院金属研究所、上海交通大学、哈尔滨工业大学等，他们研发的材料部分性能已经能够达到国外同类产品的指标。

1.2 粉末冶金法制备 SiCp/Al 复合材料的制备工艺、性能和强化机制

1.2.1 制备工艺

粉末冶金法、搅拌熔铸、喷射沉积、压力铸造和无压渗透等是制备 SiCp/Al 复合材料的主要方法。其中，粉末冶金法易实现材料的可设计性，所制备的材料性能较好且稳定，通过热挤压等后续热加工可进一步改善复合材料的微观组织，提高其力学性能[29-30]，是制备中、高体积分数 SiCp/Al 复合材料的主要方法之一。相比粉末冶金法制备铝合金和低体积分数碳化硅颗粒增强铝基复合材料的研究，中等体积分数颗粒增强铝基复合材料的热压工艺研究较少。Sun 等人[31]针对 20%SiCp/Al-Cu 复合材料研究了烧结温度在 470~610 ℃范围内对材料性能的影响，发现随烧结温度升高，抗拉强度、密度和硬度均不断升高。Rahimian 等人[32]采用热压法制备 Al_2O_3 颗粒增强铝基复合材料（Al_2O_3 的体积分数为 10%），随 Al_2O_3 颗粒尺寸减小，复合材料的致密度降低；随热压温度升高，材料的致密度增加，在烧结时间低于 60 min 时，复合材料的强度和伸长率均随热压温度升高而提高。Song 和 He[33]研究了压力对 20%SiCp/Al 复合材料力学性能和微观组织的影响，发现随着压力增大，可以减少复合材料的孔隙，提高材料的致密度和界面结合强度，进而提高了复合材料的强度和塑形。

由此可见，热压参数对 SiCp/Al 复合材料的性能有较大影响。对于中等体积分数的 SiCp/Al 复合材料，随 SiC 颗粒体积分数增多，复合材料的强度和界面结合等更易受烧结温度的影响。但目前针对热压温度对中等体积分数 SiC 颗粒增强铝基复合材料性能影响的研究不仅较少，而且主要是从致密度和孔洞等宏观角度研究热压温度的影响，还没有热压温度对材料界面特征或组成相等微观机制影响的系统研究[34]。

1.2.2 力学性能

为最大限度发挥 SiCp/Al 复合材料的性能潜力，近年来许多学者对增强体尺寸对铝基复合材料力学性能和强化机理进行研究，希望探明复合材料的宏观力学性能与微观组织间的关系，能够揭示复合材料在受力变形、性能强化和失效断裂中的物理本质。其中，关于增强体颗粒尺寸对强度的影响规律还不能得到统一的结论。部分研究者认为，当增强体体积分数不变时增强体颗粒尺寸变化对于强度没有明显的影响[35]。郦定强等人[36]研究了 SiC 颗粒尺寸对 SiCp/

2124Al 复合材料力学性能的影响，发现在体积分数为 20%、SiC 颗粒尺寸为 8 μm 时屈服强度和抗拉强度出现峰值。Sang 等人[37]发现对于 SiC 体积分数较高的 SiC/Al 复合材料，强度随着 SiC 粒径和体积分数的增加而降低。金鹏等人[38]研究了碳化硅颗粒尺寸对体积分数为 15% 的 SiCp/2009Al 复合材料力学性能和断裂机制的影响，发现复合材料的强度随着 SiC 颗粒尺寸的增大而减小，塑性则随着颗粒的增大而增大。肖伯律等人[39]对体积分数为 17%，SiC 颗粒尺寸分别为 3.5 μm、7 μm、10 μm 和 20 μm 的 SiC 颗粒增强铝基复合材料的拉伸性能进行了研究，结果表明，SiC 颗粒尺寸为 7 μm 时复合材料拉伸性能最好。部分学者[40-41]认为，颗粒增强复合材料的力学性能随增强体颗粒尺寸的增大而降低；也有学者[42]认为，增强粒子体积分数一定时，粒子尺寸对于强度没有明显的影响。另外，增强体颗粒尺寸对复合材料弹性模量的影响也没有达成共识，有研究认为增强体颗粒尺寸对弹性模量没有影响[43]，有部分研究者却在实验中发现弹性模量和抗拉强度类似，随着增强体颗粒尺寸的减小弹性模量会有增加[44-45]。

1.2.3　强化机制

SiCp/Al 复合材料的强化通常是指弹性模量、屈服强度、断裂强度和加工硬化率等的提高。SiCp/Al 复合材料强化的本质在于随着 SiC 颗粒加入基体，材料受力时会通过载荷传递作用让硬质增强相颗粒承担更多的载荷，另外异质增强体加入会改变基体原本的微观组织或者变形方式。现有的强化机制主要可以归结为微观力学强化机制和微观结构强化机制[46]。

1.2.3.1　微观力学强化机制

本质上微观力学强化机制模型都基于连续介质理论。剪切延滞模型认为，当载荷通过基体与增强体颗粒间的界面切应力来传递时，那么增强体颗粒一定会承受比基体更大的应力，最终效果可导致基体增强。该模型最早由 Cox[47] 提出，后经 Nardone 等人[48]修正，可表示为：

$$\sigma_{cy} = \sigma_{my} [x_p (2 + s)/2 + x_m] \qquad (1-1)$$

式中，σ_{cy}、σ_{my} 分别为复合材料和基体的屈服强度。

1.2.3.2　微观结构强化机制

SiC 颗粒的加入会引起基体的微观结构如位错密度增加、亚晶尺寸减小等重大变化，由此导致的基体强化是复合材料强化机制的重要方面。

A　位错强化机制

基体和增强体存在热膨胀系数差异必将引起较大的热错配应力，应力通常以释放位错环的形式松弛。Arsenault[49]认为，基体位错密度 ρ 与增强体颗粒尺寸之间满足以下关系：

$$\rho = \frac{Bx_p\varepsilon}{b(1-x_p)} \times \frac{1}{d} \tag{1-2}$$

式中，B 为和增强体形状有关的常数，取值一般 $1\sim12$；b 为基体位错的柏氏矢量；x_p 为增强体所占的体积分数；ε 为增强体与基体之间因为热错配引起的应变；d 为增强体颗粒的粒径大小。

由式（1-2）可知，基体位错密度与增强体颗粒尺寸成反比关系，当基体中添加的增强体颗粒尺寸越小，基体中的产生的位错密度就会越高。

B Orowan 强化

由于增强颗粒的存在，复合材料变形时，当位错以 Orowan 机制绕过增强颗粒时，会增加基体材料的流变抗力，从而使基体得到强化。因此增强体颗粒阻碍位错运动引起的强度增量 $\Delta\sigma_{or}$ 为[50]：

$$\Delta\sigma_{or} = \frac{2Gb}{0.6d(2\pi/x_p)^{1/2}} \tag{1-3}$$

式中，G 为 Al 基体的剪切模量，取值 2.64×10^4 MPa；b 为柏氏矢量，取值 0.286 nm。

应当指出，只有当增强颗粒尺寸小于 $1~\mu m$ 时，这种机制才会起作用。

C 晶粒细化和亚晶强化

在热变形过程中，SiCp/Al 复合材料会发生再结晶。当增强相 SiC 颗粒直径大于 $1~\mu m$ 时，增强颗粒会促发核。晶粒细化引起的屈服强度增量 $\Delta\sigma_{gb}$ 可以用式（1-4）来估算[50]。

$$\Delta\sigma_{gb} = K_y d^{1/2}\left(\frac{1-x_p}{x_p}\right)^{1/6} \tag{1-4}$$

式中，K_y 为常数（对于 Al 取 0.1 MN/m$^{3/2}$）。

式（1-4）可称为 Hall-Petch 关系[51]。

亚晶强化在再结晶后的材料中也会出现，亚晶对复合材料的强度贡献增量 $\Delta\sigma_{gb}$ 可根据式（1-4）来计算，对于亚晶 K_y 取 0.05 MN/m$^{3/2}$。由于用 d 和 x_p 来估算晶粒对 $\Delta\sigma_{gb}$ 的贡献较困难，Arsenault 等人[49]提出了一个经验关系，表明因亚晶尺寸减小而增加的强度 $\Delta\sigma_{gb}$ 约为位错密度增加引起强度增加的 $1/2$。

D 加工硬化强化

当复合材料受力变形时，通常是基体变形而增强体硬颗粒不变形，基体的滑移必然集中在增强体颗粒与基体界面周围，在此会产生许多位错（即二次位错），这些二次位错反过来阻挡原有的滑移运动，随着应变量的逐渐增加，位错密度会迅速增大，二次位错阻挡原有滑移位错的运动引起应力增量为[52]：

$$\Delta\sigma_{wh} = KG\left(\frac{x_p b}{d}\right)^{1/2} \varepsilon_{pl}^{1/2} \tag{1-5}$$

式中，ε_{pl} 为基体中的塑性应变；K 为材料常数，一般取值在 0.2~0.4 之间。

1.2.4　复合材料的断裂损伤研究

SiCp/Al 复合材料的塑性和断裂韧性较低，要想提高塑性和断裂韧性，首先要对 SiCp/Al 复合材料断裂损伤过程有一个全面的了解。SiCp/Al 复合材料的断裂损伤机制大体上分为如下三类[53]：

(1) 沿着基体与增强相颗粒界面的脱黏和断裂；

(2) 增强颗粒的脆性或解理断裂；

(3) 基体中孔洞的形核、生长和聚合引起的塑性损伤破坏。

复合材料最终的破坏形式和基体强度、增强体颗粒强度及界面结合强度都有关，是一个比较竞争的结果。假如 SiCp 与 Al 界面结合弱，界面的脱黏为主要破坏形式；如果界面结合良好，基体强度也较高时，增强相颗粒的断裂将成为主要的断裂方式（也和颗粒的缺陷程度有关），当然，如果复合材料界面结合良好而基体强度较低时，复合材料的破坏将以基体的延性破坏为主。Spowart[54]研究了颗粒形貌对粉末冶金方法制备的 25%（体积分数）SiCp/6061 复合材料断裂的影响，研究发现，在较软的基体合金状态下，复合材料断裂主要是基体微孔洞形成、聚集、长大的过程，最终导致复合材料断裂。Davidson 等人[55]在脱黏的 SiCp 表面发现了一些十分细小的 Al 韧窝，表明复合材料中常见的界面脱黏失效现象很有可能也是 SiCp 与 Al 基体的近界面破坏。Srivatsan 等人[56]研究 15%（体积分数）SiCp/2009Al 复合材料的断口，发现颗粒团聚处的基体断裂，伴随着颗粒的裂纹与基体和界面的脱黏。肖伯律等人[39]研究了 SiC 颗粒尺寸对断裂机制的影响，发现当 SiC 颗粒尺寸较小时断裂以近界面处基体撕裂为主；当 SiC 颗粒尺寸较大时，材料断裂则以颗粒解理断裂为主。吕毓雄等人[57]对尺寸分别为 3.5 μm、10 μm 和 20 μm 的 SiC 颗粒增强 AlCu 基复合材料的研究表明，SiC 颗粒尺寸为 3.5 μm 时，复合材料的破坏主要在 SiCp 与铝基体界面撕裂形成孔洞和裂纹；SiC 颗粒尺寸大于 10 μm 时，复合材料的破坏主要是 SiCp 解理断裂。陈康华等人[58]通过计算机模拟得出相似的结果。

SiCp/Al 复合材料的断裂机制不仅与复合材料中增强相 SiC 颗粒的尺寸、体积分数及空间分布状况有关，还与复合材料的制备加工和热处理状态有关。Lewandowski 等人[59]研究 20%（体积分数）SiCp/Al-Zn-Mg-Cu 复合材料不同热处理状态后的断裂方式，发现欠时效状态为广泛的颗粒断裂，过时效状态为近 SiC 颗粒与铝基体界面处的断裂。

1.3　SiCp/Al复合材料的微观组织结构及界面特性

1.3.1　位错结构与行为

由于基体与增强体之间会产生热错配应力，SiCp/Al复合材料的基体中存在高密度的位错[60]，一般认为添加增强颗粒后复合材料基体中位错密度要比未增强铝合金的位错密度高出近百倍。位错密度在基体中基本呈梯度分布，距离界面逐渐变远处，基体中的位错密度也逐渐减小[61-62]。除了热错配位错，复合材料的基体中还存在变形中因几何错配产生的位错（如Orowan位错环）。增强体颗粒尺寸对铝基复合材料中的位错有强烈的影响作用，部分研究[63-65]表明颗粒尺寸与位错密度成反比，也有部分研究者认为位错密度与增强体颗粒尺寸无关[66]，Kim等人[61]的研究结果表明，随着增强体颗粒尺寸的减小，位错密度略有减小，当颗粒尺寸小于1 μm时基体中没有明显的位错梯度出现。姜龙涛[67]对0.15 μm颗粒增强的Al_2O_3/Al复合材料的基体微观组织研究也证明，亚微米级颗粒增强铝基复合材料的基体中没有明显位错的增殖。总的来说，众多研究者对于SiC颗粒尺寸对铝基复合材料基体中位错密度和行为所起的作用有较大的认识分歧，但普遍认为增强体颗粒尺寸对位错密度作用明显且是研究的重要方面。

1.3.2　界面状况

复合材料性能的强化在很大程度上是通过界面把载荷从基体传递到增强体来实现的[68-72]，基体与增强体间的界面是影响材料性能的重要因素。因此，界面状况研究一直是复合材料领域极为重要的研究课题。各国学者从组织学[73-77]、力学[78-79]、物理学[80-82]等角度，全面研究了以SiCp/Al为代表的金属基复合材料的界面特点，发现复合材料界面受增强体种类及表面成分、基体组成、材料制备方法和热处理工艺等诸多因素影响，SiCp/Al复合材料界面很复杂。

Ribes等人[83]曾研究了SiC颗粒的表面化学成分对SiCp/Al复合材料界面的影响，分析发现原始态SiC颗粒增强复合材料界面没有发生化学反应，而氧化态SiC颗粒增强复合材料界面上存在相当数量的$MgAl_2O_4$。Luo等人[84]在1100 ℃对SiC颗粒进行预氧化，发现存在$MgAl_2O_4$，通过研究SiC/$MgAl_2O_4$/Al的界面微结构和晶体学位向关系，得出了$MgAl_2O_4$与6H-SiC的四种不同位向关系，此外$MgAl_2O_4$与Al之间的界面是半共格。SiC颗粒表层存在的残余应力或应变[85]产生的高能量位置会促进SiC在液态基体中溶解，形成台阶界面或发生化学反应[86]。基体铝合金中的合金元素也影响SiCp/Al复合材料的界面状况。由于界面上可能出现氧化物[87-88]、元素富集、第二相颗粒[89]等，研究学者对此展开了一系列研究。Viala 等人[86]研究了 SiC 粉末与纯铝粉末混合物冷压后经 600~1900 K 温度范围内烧结的复合材料界面状况，当温度小于 920 K 时（纯铝熔点为 933 K），固态铝与 SiC 之间无反应。粉末冶金法中高于基体合金熔点烧结会导致铝与 SiC 发生化学反应生成 Al_4C_3，但如果在基体固相线与熔点温度范围内烧结或成型时，界面上通常不产生 Al_4C_3 反应物，而是生成 MgO 或形成台阶界面等。关于 Al_4C_3 对材料力学性能的影响，一般认为脆性相 Al_4C_3 不利于材料力学性能。增强体的形貌变化通常表现为形成台阶状[90]或锯齿状界面。Foo 等人[72]和 Janowski 等人[88]均发现界面处 SiC 颗粒沿着两个不同晶面形成台阶。台阶界面的产生去除了 SiC 表面层的杂质，获得干净、低能量的界面；同时，该界面具有机械联锁效应，锯齿状界面的产生也与基体中液相和 SiC 颗粒相互作用有关，导致强界面结合提高材料的力学性能。

Nutt 等人[87]发现粉末冶金法制备的 SiCw/2124Al 复合材料界面上存在 MgO 颗粒，并离散分布在界面上，而 6061Al 基复合材料界面上的 MgO 以连续的带状形式存在。界面上的氧化物通常是在基体中含有镁元素，铝基体粉末表面氧化或者 SiC 表面氧化，以及高于基体固相线温度热压或烧结的条件下产生的。关于界面上的氧化物对材料力学性能的影响，一些研究者认为由于氧化物本身是脆性相，因此对材料力学性能不利；同时，镁元素富集于界面区域形成氧化物，导致基体中镁元素贫化，使基体强度下降，从而也降低了材料强度。但也有学者认为界面上生成微小的氧化物有利于铝和 SiC 的结合，可提高材料的性能[91-92]。

研究表明，在许多金属/陶瓷结合界面上存在晶体取向关系，这种择优取向关系很大程度上取决于材料制备方法[93]。对于粉末冶金法制备的 SiCp/Al 复合材料而言，铝和 SiC 之间界面晶体取向关系随机分布可能性大。但对于液相烧结的 SiCp/Al 复合材料，当液相基体与 SiC 颗粒结合时，产生台阶界面使得基体与增强体之间形成择优晶体取向关系也是可能的，SiC 与铝之间的这种低能界面结构有利于界面结合强度的提高。

鉴于界面状况的多样且复杂，通过深入对界面的认识，希望能够做到准确控制界面，提高材料力学性能，此内容也是深入研究的重点方向。

1.3.3　时效析出行为

在 SiCp/2024Al 复合材料中，基体时效析出强化也是铝基复合材料极为重要的研究课题。复合材料后续时效过程，会出现多相多尺度协同析出现象，影响其物理性能和力学性能。增强体 SiC 颗粒的加入增加了界面会造成溶质原子偏聚，影响基体中溶质原子的析出行为，另外增强体 SiC 颗粒的加入也会造成位错密度分布不均，影响析出相的形核和长大。Srivatsan[94]利用 TEM 观察粗大的第二相多存在大角度晶界处，θ′相分布于晶内，也观察到针状的 S′ 相。Dutta 等人[95-96]发现，增强体的加入抑制了 GP 区（或 GPB 区）的形成，同时却能够加速中间析出相 S′、θ′析出。大量研究表明，复合材料中基体合金的时效析出过程并没有随着增强体的加入而发生改变，但是时效动力学发生了变化，具体表现为时效加速[97-100]。当然也有部分研究表明，复合材料的时效硬化过程滞后于基体或与基体差别不大[101]。Varma 等人[102]研究了不同 SiC 颗粒尺寸（1 μm、12 μm 和 65 μm）对 SiCp/Al-Cu-Mg 复合材料时效行为的影响，研究结果表明 SiC 颗粒尺寸越小，达到时效峰硬度的时间越短。析出相和时效析出行为在复合材料的力学性能和结构上影响极大，阐明复合材料的时效析出行为对控制材料的结构和性能至关重要，当然研究结果的不同可能来源于不同颗粒尺寸增强的复合材料中的基体组织差异很大，因此对时效析出行为也有不同的影响[102-103]。由此可见，复合材料的析出相和析出行为须更加深入探究。

1.4　SiCp/Al 复合材料的热物理性能

1.4.1　复合材料的热膨胀性能

　　SiCp/Al 复合材料的热膨胀系数低于铝合金，实际材料的热膨胀系数可以根据 SiC 和基体合金的情况进行调整与控制。根据混合法则，随着 SiC 颗粒体积分数的增加，复合材料的热膨胀系数将会降低。根据理论估计，SiC 颗粒体积分数为 20%、30% 和 40% 时，SiCp/Al 复合材料的热膨胀系数大致上分别与常用航空材料中的铜材、铍材和钛合金及不锈钢的热膨胀系数相当。

　　复合材料的热膨胀系数会随 SiC 颗粒体积分数的变化发生改变。另外，SiC 颗粒的尺寸也将影响复合材料的热膨胀行为，关于增强体 SiC 颗粒尺寸对复合材料热膨胀行为的影响，经过以往的大量研究目前尚无统一定论。例如，马宗义等人[104]的研究认为复合材料热膨胀行为并没有受到增强体颗粒尺寸变化的明显影响，而 Elomari 等人[105]的研究认为增强体颗粒尺寸越大，复合材料的热膨胀系数越大；Xu 等人[106]在对 TiCp/Al 复合材料的研究中指出，增强体颗粒尺寸越小会增加界面面积，增大界面处晶格畸变，从而导致复合材料的热膨胀系数减小。

1.4.2　热膨胀系数的物理模型

　　对复合材料的热膨胀系数的理论研究中，有简单的线性混合模型，只是通过材料各组分的热弹性及组分的体积比预测复合材料的热膨胀系数，有基于 Eshelby 等效夹杂方法和平均场理论的较复杂的热膨胀系数模型。下面列出几种经典的常用模型。

（1）混合模型（ROM）。假定复合材料中基体的弹性模量极小，忽略了其对增强颗粒的约束作用，热膨胀系数可表示为：

$$\alpha_c = \alpha_p f + \alpha_m (1 - f) \tag{1-6}$$

式中，α_c、α_p、α_m 分别为复合材料、基体和增强体的热膨胀系数。

（2）Turner 模型。Turner[107]假设在复合材料中，基体呈现均匀塑性变形，各相仅承受水静压力，由此导出 Turner 模型，其计算式可以表示为：

$$\alpha_c = \frac{\alpha_m x_m K_m + \alpha_p x_p K_p}{x_m K_m + x_p K_p} \tag{1-7}$$

式中，α、K、x 为复合材料、基体或增强体的热膨胀系数、体弹模量和体积分数；c、m、p 分别为复合材料、基体和增强体颗粒。

（3）Kerner 模型。Kerner[108-109]认为，复合材料中各组元会同时受到水静压力和剪切应力，推导出复合材料的热膨胀系数计算式，称为 Kerner 模型，具体表达式为：

$$\alpha_c = \alpha_m x_m + \alpha_p x_p - x_p x_m (\alpha_p - \alpha_m) \times \frac{K_p - K_m}{x_m K_m + x_p K_p + 3 K_m K_p / (4 G_m)} \tag{1-8}$$

式中，G_m 为基体的剪切模量。

（4）Schapery 模型。Schapery[110-112]考虑了复合材料中各组元间的应力作用，推导出复合材料的热膨胀系数计算式，称为 Schapery 模型，具体表达式为：

$$\alpha_c = \alpha_p + (\alpha_m - \alpha_p) \times \frac{1/K_c - 1/K_p}{1/K_m - 1/K_p} \tag{1-9}$$

复合材料的下限可表示为：

$$K_c^{(-)} = K_m + \frac{x_p}{\frac{1}{K_p - K_m} + \frac{x_m}{K_m + \frac{4}{3} G_m}} \tag{1-10}$$

式中，上标（-）表示下限，上限可以通过式（1-10）中的下标实现。

以上公式中相同符号的物理意义均相同。

1.4.3 导热性能

导热性能是 SiCp/Al 复合材料的重要性能指标。通过调整 SiCp/Al 复合材料中 SiC 的颗粒尺寸和体积分数可以对其导热性能进行设计，从而满足多方向的应用性能要求。SiC 颗粒体积分数改变会影响 SiCp/Al 复合材料的导热系数，通常认为 SiC 增强颗粒的体积分数增加，复合材料的导热系数会逐步下降。例如，Lee 等人[113]的研究表明，SiC 颗粒的体积分数为 50% 时的导热系数（177 W/(m·K)）远大于 SiC 颗粒的体积分数为 71% 时的导热系数（125 W/(m·K)）。吉元[114]认为，增强相的体积分数存在一个临界值（50%），当 SiC 颗粒的含量超过 50%后，复合材料的导热系数才会明显降低。SiC 颗粒尺寸对 SiCp/Al 复合材料导热系数的影响规律，通常认为导热系数会随着增强颗粒尺寸的减小而减小。例如，Arpon[115]和 Kawai[116]均从实验中证实在 SiC 颗粒体积分数一定时，SiC 颗粒尺寸减小，导热系数减小。Hasselman 等人[117]研究了复合材料导热系数和基体导热系数的关系，发现 SiC 颗粒小于 1 μm 时复合材料的导热系数低于基体合金，当 SiC 颗粒尺寸大于 10 μm 时复合材料的导热系数高于基体合金，认为颗粒尺寸的增加导致导热系数升高的原因是界面热阻的降低所致。研究认为，影响复合材料导热性能的因素非常复杂，SiC 颗粒体积分数、分布和尺寸、晶体结构及基体/增强相界面（包括界面成分、界面反应及界面上相的析出等[118-120]）等都会成为重要的影响因素。

1.4.4 复合材料导热系数的理论模型

SiCp/Al 复合材料常用的理论计算模型有 Maxwell 模型[121]（见式（1-11））、Rayleigh 模型[122]（见式（1-12））及 Hasselman 和 Johnson 模型（见式（1-13）），具体表达式如下：

$$\lambda_c = \lambda_m \frac{2(\lambda_p - \lambda_m)x_p + \lambda_p + 2\lambda_m}{(\lambda_m - \lambda_p)x_p + \lambda_p + 2\lambda_m} \tag{1-11}$$

$$\lambda_c = \lambda_m \frac{1 + 2x_p \dfrac{1 - \lambda_m/\lambda_p}{2\lambda_m/\lambda_p + 1}}{1 - x_p \dfrac{1 - \lambda_m/\lambda_p}{\lambda_m/\lambda_p + 1}} \tag{1-12}$$

$$\lambda_c = \lambda_m \frac{2[2\lambda_p/\lambda_m - \lambda_p/(ah_c) - 1]x_p + \lambda_p/\lambda_m + 2\lambda_p/(ah_c) + 2}{[1 - \lambda_p/\lambda_m + \lambda_p/(ah_c)]x_p + \lambda_p/\lambda_m + 2\lambda_p/(ah_c) + 2} \tag{1-13}$$

式中，λ_c、λ_m、λ_p 分别为复合材料、基体和增强体的导热系数；h_c 为界面热传导系数；x_p 为增强体的体积分数；a 为增强体颗粒直径。

Hasselman 和 Johnson 模型相对于 Maxwell 模型和 Rayleigh 模型的计算结果更接近实际实验值，其原因在于考虑了界面热阻对复合材料导热性能的影响。但是所有模型都不能完全准确地计算出导热系数的真实值，还有一些影响因素例如增强体颗粒分布、形状等未能加以考虑，也可能对 SiCp/Al 复合材料的导热系数产生影响。全面和深入研究多种影响因素包括增强体体积分数、颗粒尺寸等对复合材料导热系数的影响规律，探明对复合材料导热系数的影响机制，才能为导热系数的设计及如何进行增强相进行选择提供更好的研究基础。

1.5　热加工性能研究

良好的二次加工性能是 SiCp/Al 复合材料推广应用的基础。与基体合金相比，由于在铝合金基体中加入了大量的硬质 SiC 颗粒，SiCp/Al 复合材料的塑性和加工性能也随之降低[123]。此外，由于 SiC 颗粒的加入使得 SiCp/Al 复合材料在变形过程中微观组织的变化和控制比铝合金更加复杂，改善复合材料的塑性、韧性和加工性能就更具有重要意义[124]。研究 SiCp/Al 复合材料的热加工性能，成为目前 SiCp/Al 复合材料研究开发中面临的关键课题[125]。

1.5.1　SiCp/Al 复合材料高温流变行为的研究

对于 SiCp/Al 复合材料高温流变行为的研究方法，主要是对材料在高温变形实验过程中所得到的流变应力曲线进行分析，探讨材料的变形机制并构建材料的高温变形本构方程。

近年来，国内外学者对 SiCp 体积分数为 5%~20% 的 SiCp/Al 复合材料的热变形行为进行了大量的研究[126-130]，建立复合材料的本构关系并计算热激活能，对热变形流变行为进行研究，发现铝基复合材料的变形激活能普遍比铝合金高；Byung-Chul Ko 等人[131] 研究了 SiC 颗粒的体积分数（5%、10%、15%、20%、30%）对 SiCp/AA2024 铝基复合材料的显微组织及热加工性能的影响。通过流变曲线和变形微观结构来研究其动态再结晶（DRX）或动态回复（DRV），发现 SiC 体积分数的增加会增大位错密度，导致高的流变应力和低临界应变；复合材料中流变应力的差异，随着变形温度的增加而降低。Xia 等人[132] 对 20%Al$_2$O$_3$/6061Al 铝基复合材料的热变形行为研究中发现，不同变形条件下应力对数与温度倒数的关系呈现出两个斜坡，显示不同的变形机制；20%Al$_2$O$_3$/6061Al 铝基复合材料与 10%Al$_2$O$_3$/6061Al 铝基复合材料及单一合金相比，表现出更强的硬化行为。Ďurišinová 等人[133] 研究了颗粒增加对复合材料显微结构演变的影响，当变形温度升高为 500 ℃时，所有材料都表现出稳定的显微结构。Radhakrishna 等人[134] 对粉末冶金法制备的 20%SiCp/2124 复合材料的研究中发现，该复合材料在 500 ℃、1 s^{-1}时发生动态再结晶。相对于基体来说，复合材料的动态再结晶发生得更快并且再结晶条件要求应变速率变高；低温高应变速率条件下，复合材料出现以局部流变和大范围的开裂为特征的失稳；在温度 450~550 ℃时还出现超塑性现象。对不同 SiC 颗粒体积分数的研究表明，含不同体积分数增强颗粒的复合材料都存在再结晶和超塑性区域，在动态再结晶区域，SiC 颗粒体积分数增加，功率耗散功率系数也增加，说明 SiC 颗粒体积分数的增大对复合材料的再结晶有促进作用。Lewandowski[135] 和 Hu 等人[136] 分别研究了 SiC 颗粒尺寸对 SiCp/Al

复合材料高温流变行为的影响，结果表明随着 SiC 颗粒尺寸的减小复合材料的流变应力均出现增大。

1.5.2 复合材料的加工图

材料热加工过程要求材料尽量不发生宏观或微观上的破坏，因此控制热加工过程中的材料微观组织演变极为重要，而基于动态材料模型（DMM）[137-138] 的加工图就是因此而建立的。由功率耗散系数图和失稳图组成的加工图能反映热加工条件的变化对微观组织产生的影响，能够形象地反映不同加工区域可能的变形机制，从而指导在实际加工中避开失稳变形区域，优化加工性能，尽可能实现对复合材料组织与性能的控制，对确定复合材料的热加工参数有很强的指导意义。

国内外很多学者[139-146] 将加工图理论应用到颗粒增强铝基复合材料的热加工性能研究中。Bhat 等人[147-148] 研究了 SiC 的体积分数对 SiCp/2124Al 铝基复合材料热加工图的影响，其增强相的体积分数分别设为 0、5%、10%、15% 和 20%，试验应变速率范围为 $0.001 \sim 10\ s^{-1}$，温度范围为 $300 \sim 525\ ℃$；运用加工图进行研究，发现存在动态再结晶和超塑性区域，在更高的应变速率和更低的温度会发生流变不稳定性，当增强相 SiC 颗粒的体积分数为 10% 时，在更低的应变速率时，该材料表现出异常晶粒长大，表现为 DRX 区域转向更低的应变速率，超塑性区域消失。

Cavaliere 等人[149-150] 认为，复合材料的流变行为主要取决于载荷从基体向增强颗粒传递及伴随的微观结构的改变，如果将所加的能量通过微观结构的变化而消耗掉，则复合材料在变形过程中就不易发生破坏。他对 $Al_2O_3/2618$ 铝基复合材料的研究表明，低温变形时增强颗粒周围出现大的孔洞和较多的颗粒断裂；而在高温（500 ℃）时，出现了象征再结晶现象的细小等轴晶，孔洞和断裂较少，与加工图中的高能量耗散系数和稳定区相对应，是较理想的加工区域。Ramanathan 等人[151] 对粉末冶金法制备的复合材料的研究发现，流变失稳发生在两个区域：（1）温度 $390 \sim 440\ ℃$，速率 $0.5\ s^{-1}$，该区域出现增强颗粒的开裂和颗粒与基体间的界面脱黏；（2）在低温高应变速率区域，主要是绝热剪切。Rajamuthamilselvan 等人[152] 研究了 20%SiCp/7075Al 的热加工图，从加工图中可以找到"稳定区域"如动态再结晶、"不稳定区域"如 SiC 颗粒剥离，基体裂纹和形成的绝热剪切带，该材料热加工的最佳工艺参数为温度 400 ℃、应变速率为 $0.1\ s^{-1}$，效率高达 40%，而当应变速率过高时，会发生一系列流变不稳定行为。

尽管诸多研究者已经对粉末冶金法制备复合材料的热加工性能进行研究，但是在研究的复合材料体系中，SiC 的颗粒尺寸范围一般为 $10 \sim 30\ \mu m$，基体 Al 的粉末一般为 $30 \sim 50\ \mu m$，关于更细小的 SiC 和 Al 粉末制备复合材料的热加工性能报道很少，并且研究所得的结论也不尽相同。

1.5.3 动态再结晶

材料热变形过程中有一种重要的微观组织变化过程即动态再结晶（dynamic recrystallization，DRX）。一般来说，热变形时发生动态回复和动态再结晶，会抵消部分加工硬化从而使材料软化，同时 DRX 也是实现组织细化的一种重要手段。一般认为，复合材料热变形过程中真应力-应变（σ-ε）曲线上出现峰值应力（σ_p）表明有动态再结晶的发生，但是实际上在应变未达到峰值应变时动态再结晶已经发生。为了精确找到复合材料发生动态再结晶的临界应变，Poliak 等人[153-154]提出动态再结晶动力学临界条件，并证明了临界条件与加工硬化率曲线（$\theta = d\sigma/d\varepsilon$）出现拐点和 $-\partial\theta/\partial\sigma$-$\sigma$ 曲线上的最小值相对应。Asgharzadeh 等人[155]以 20%（体积分数）SiCp/6061Al 为研究对象，分析该复合材料在不同温度和应变速率下的压缩曲线，认为该复合材料热变形机制为动态再结晶。欧阳求保等人[156]研究了 SiCp/7A04 复合材料的高温变形行为，金相组织观察表明，动态再结晶是 SiCp/7A04 复合材料软化的一个重要机制，变形温度越高，动态再结晶越充分；应变速率越大，再结晶晶粒就越小。欧阳德来等人[157]采用加工硬化率方法，利用 $-\partial\ln\theta/\partial\varepsilon$-$\varepsilon$ 曲线研究钛合金动态再结晶的临界条件，准确度较高；张鹏等人[158]通过建立 θ-σ 和 $-\partial\theta/\partial\sigma$-$\sigma$ 曲线，建立了 15%SiCp/Al 复合材料的临界应变模型和稳态应变模型，并获得动态再结晶图。

增强颗粒对再结晶的影响与其尺寸有关。当颗粒尺寸较大时（大于 1 μm），颗粒会促发再结晶形核[159]；但是，如果增强颗粒相距很近，则亚晶生长所需再结晶形核将会受阻，从而不会出现再结晶[160]。当颗粒体积分数 x_p 与颗粒直径 d 之比大于 0.1/μm 时，再结晶也将受阻。Lloyd 等人[160]研究了 SiCp/Al 复合材料中的再结晶晶粒尺寸 D 与增强颗粒直径 d 及体积分数 x_p 之间的关系，可表示为：

$$D = d\left(\frac{1 - x_p}{x_p}\right)^{\frac{1}{3}} \tag{1-14}$$

由式（1-14）可知，x_p 增大和 d 减小均可使 D 变小。因为颗粒在晶界上的钉扎作用，满足式（1-14）后的晶粒生长将受到抑制。Arsenault 等人[161]研究认为，SiCp/Al 复合材料中基体的亚晶尺寸随着 SiC 颗粒尺寸的增加而增大，亚晶的极限尺寸为 $2d/3x_p$。

参 考 文 献

[1] GEIGER A L, WALKER J A. The processing and properties of discontinuously reinforced aluminum composites [J]. Journal of the Minerals, Metals and Materials Society, 1991, 43 (8): 8-15.

[2] EVANS A, MARCHI C S, MARTENSEN A. Metal Matrix Composites in Industry: An

Introduction and a Survey [M]. Norwell: Kluwer Academic Publishers, 2003.

[3] MARUYAMA B, HUNT W H. Discontinuously reinforced aluminum: current status and future direction [J]. Journal of the Minerals, Metals and Materials Society, 1999 (11): 59-61.

[4] JEROME P. Commercial success for MMCs [J]. Powder Metallurgy, 1998, 41 (1): 25-26.

[5] HULL M. AMC: leading edge MMCs and powder materials [J]. Powder Metallurgy, 1997, 40 (2): 102-103.

[6] DONNELL G O, LOONEY L. Production of aluminium matrix composite components using conventional PM technology [J]. Material Science and Engineering: A, 2001, 303: 292-301.

[7] 张荻, 张国定, 李志强. 金属基复合材料的现状与发展趋势 [J]. 中国材料进展, 2010, 4: 115-121.

[8] 郝世明, 谢敬佩, 王行, 等. 微米级 SiC 颗粒对铝基复合材料拉伸性能与强化机制的影响 [J]. 材料热处理学报, 2014, 35 (2): 13-18.

[9] CUI Y, WANG L F, REN J Y. Multi-functional SiC/Al composites for aerospace applications [J]. Chinese Journal of Aeronautics, 2008, 21 (6): 578-584.

[10] QIAN L H, WANG Z G, TODA H, et al. Effect of reinforcement volume fraction on the thermo-mechanical fatigue behavior of SiCw/6061Al composites [J]. Materials Science and Engineering A, 2003, 357 (1): 240-247.

[11] GARĆES G, RODŔIGUEZ M, P'EREZ P, et al. Effect of volume fraction and particle size on the microstructure and plastic deformation of Mg-Y$_2$O$_3$ composites [J]. Materials Science and Engineering A, 2006, 419 (1/2): 357-364.

[12] FARD R R, AKHLAGHI F. Effect of extrusion temperature on the microstructure and porosity of A356-SiCp composites [J]. Journal of Materials Processing Technology, 2007, 187: 433-436.

[13] FERNÁNDEZ P, BRUNO G, GONZÁLEZ-DONCEL G. Macro and micro-residual stress distribution in 6061 Al-15vol. % SiCw under different heat treatment conditions [J]. Composites Science and Technology, 2006, 66 (11): 1738-1748.

[14] WATT D F, XU X Q, LLOYD D J. Effects of particle morphology and spacing on the strain fields in a plastically deforming matrix [J]. Acta Materialia, 1996, 44 (2): 789-799.

[15] DAI L H, LIU L F, BAI Y L. Effect of particle size on the formation of adiabatic shear band in particle reinforced metal matrix composites [J]. Materials Letters, 2004, 58 (11): 1773-1776.

[16] YANG M J, ZHANG D M, GU X F, et al. Effects of SiC particle size on CTEs of SiCp/Al composites by pulsed electric current sintering [J]. Materials Chemistry and Physics, 2006, 99 (1): 170-173.

[17] WANG J J, YI X S. Effects of interfacial thermal barrier resistance and particle shape and size on the thermal conductivity of AlN/PI composites [J]. Composites Science and Technology, 2004, 64 (10): 1623-1628.

[18] CHEN Z Z, TOKAJI K. Effects of particle size on fatigue crack initiation and small crack growth in SiC particulate-reinforced aluminium alloy composites [J]. Materials Letters, 2004, 58 (17): 2314-2321.

[19] ARPON R, MOLINA J M, SARAVANAN R A, et al. Thermal expansion behaviour of aluminium/SiC composites with bimodal particle distributions [J]. Acta Materialia, 2003, 51 (11): 3145-3156.

[20] MOHN W R, VUKOBRATOVICH D. Engineered metal matrix composites for precision optical systems [C]. 31st Annual Technical Symposium. International Society for Optics and Photonics, 1987: 181-192.

[21] 武高辉, 姜龙涛, 修子扬, 等. 仪表级 SiC/Al 复合材料的应用研究与实践 [J]. 导航与控制, 2010, 9 (1): 66-70.

[22] 武高辉, 修子扬, 陈国钦, 等. 光学级复合材料及其空间应用展望 [C]. 中国空间技术研究院空间材料及其应用技术学术交流会, 2009.

[23] 崔岩. 碳化硅颗粒增强铝基复合材料的航空航天应用 [J]. 材料工程, 2002, 6 (3): 6-10.

[24] 樊建中, 桑吉梅. 颗粒增强铝基复合材料的研制, 应用与发展 [J]. 材料导报, 2001, 15 (10): 55-57.

[25] 金鹏, 刘越, 李曙, 等. 颗粒增强铝基复合材料在航空航天领域的应用 [J]. 材料导报, 2009, 23 (11): 24-27.

[26] MOHN W R, VUKOBRATOVICH D. Recent applications of metal matrix composites in precision instruments and optical systems [J]. Optical Engineering, 1988, 27 (2): 270-290.

[27] 郑喜军, 米国发. 碳化硅颗粒增强铝基复合材料的研究现状及发展趋势 [J]. 热加工工艺, 2011, 40 (12): 92-96.

[28] URQUHART A W. Novel reinforced ceramics and metals: A review of Lanxide's composite technologies [J]. Materials Science and Engineering A, 1991, 144 (1): 75-82.

[29] SLIPENYUK A, KUPRIN V, MILMAN Y, et al. Properties of P/M processed particle reinforced metal matrix composites specified by reinforcement concentration and matrix-to-reinforcement particle size ratio [J]. Acta Materialia, 2006, 54 (1): 157-166.

[30] ANGERS R, KRISHNADEV M R, TREMBLAY R, et al. Characterization of SiCp/2024 aluminum alloy composites prepared by mechanical processing in a low energy ball mill [J]. Materials Science and Engineering A, 1999, 262 (1): 9-15.

[31] SUN C, SHEN R, SONG M. Effects of sintering and extrusion on the microstructures and mechanical properties of a SiC/Al-Cu composite [J]. Journal of Materials Engineering and Performance, 2012, 21 (3): 373-381.

[32] RAHIMIAN M, EHSANI N, PARVIN N, et al. The effect of particle size, sintering temperature and sintering time on the properties of $Al-Al_2O_3$ composites, made by powder metallurgy [J]. Journal of Materials Processing Technology, 2009, 209 (14): 5387-5393.

[33] SONG M, HE Y. Effects of die-pressing pressure and extrusion on the microstructures and mechanical properties of SiC reinforced pure aluminum composites [J]. Materials & Design, 2010, 31 (2): 985-989.

[34] 郝世明, 谢敬佩, 王爱琴, 等. 热压温度对 30%SiCp/Al 复合材料组织与力学性能的影响 [J]. 粉末冶金材料科学与工程, 2013, 18 (5): 655-661.

[35] HIRTH J P. Introduction to the viewpoint set on the mechanical properties of aluminum matrix-particulate composites [J]. Scripta Metallurgica et Materialia, 1991, 25 (1): 1-2.

[36] 郦定强, 洪淳亨. 增强体颗粒尺寸对 SiCp/2124Al 复合材料变形行为的影响 [J]. 上海交通大学学报, 2000, 34 (3): 342-346.

[37] SANG K Z, WANA C F. A study of SiC/Al composites fabricated by pressureless infiltration [J]. Journal of Ceramic Processing Research, 2008, 9 (6): 649-651.

[38] 金鹏, 刘越, 李曙, 等. 碳化硅增强铝基复合材料的力学性能和断裂机制 [J]. 材料研究学报, 2009 (2): 211-214.

[39] 肖伯律, 毕敬, 赵明久, 等. SiCp 尺寸对铝基复合材料拉伸性能和断裂机制的影响 [J]. 金属学报, 2009, 38 (9): 1006-1008.

[40] DOEL T J A, BOWEN P. Tensile properties of particulate-reinforced metal matrix composites [J]. Composites Part A: Applied Science and Manufacturing, 1996, 27 (8): 655-665.

[41] YANG J, CADY C, HU M S, et al. Effects of damage on the flow strength and ductility of a ductile Al alloy reinforced with SiC particulates [J]. Acta Metallurgica et Materialia, 1990, 38 (12): 2613-2619.

[42] SRIVASTAVA V C, SCHNEIDER A, UHLENWINKEL V, et al. Spray processing of 2014-Al+ SiCp composites and their property evaluation [J]. Materials Science and Engineering A, 2005, 412 (1): 19-26.

[43] MCDANELS D L. Analysis of stress-strain, fracture, and ductility behavior of aluminum matrix composites containing discontinuous silicon carbide reinforcement [J]. Metallurgical Transactions A, 1985, 16 (6): 1105-1115.

[44] LEE J C, SUBRAMANIAN K N. Young's modulus of cold-and hot-rolled (Al_2O_3) p-Al composite [J]. Journal of Materials Science, 1994, 29 (18): 4901-4905.

[45] JUNG H K, CHEONG Y M, RYU H J, et al. Analysis of anisotropy in elastic constants of SiC/2124 Al metal matrix composites [J]. Scripta Materialia, 1999, 41 (12): 1261-1267.

[46] ARSENAULT R J, FISHMAN S, TAYA M. Deformation and fracture behavior of metal-ceramic matrix composite materials [J]. Progress in Materials Science, 1994, 38: 1-157.

[47] COX H L. The elasticity and strength of paper and other fibrous materials [J]. British Journal of Applied Physics, 1952, 3 (3): 72.

[48] NARDONE V C, PREWO K M. On the strength of discontinuous silicon carbide reinforced aluminum composites [J]. Scripta Metallurgica, 1986, 20 (1): 43-48.

[49] ARSENAULT R J, SHI N. Dislocation generation due to differences between the coefficients of thermal expansion [J]. Materials Science and Engineering, 1986, 81: 175-187.

[50] MILLER W S, HUMPHREYS F J. Strengthening mechanisms in particulate metal matrix composites [J]. Scripta Metallurgica et Materialia, 1991, 25 (1): 33-38.

[51] MCELROY R J, SZKOPIAK Z C. Dislocation-Substructure-Strengthening and Mechanical-Thermal Treatment of Metals [J]. International Metallurgical Reviews, 1972, 17 (1): 175-202.

[52] ASHBY M F. Work hardening of dispersion-hardened crystals [J]. Philosophical Magazine,

1966, 14 (132): 1157-1178.

[53] CLYNE T W, WITHERS P J. An Introduction to Metal Matrix Composites [M]. Cambridge: Cambridge University Press, 1993.

[54] SPOWART J E. Microstructural characterization and modeling of discontinuously-reinforced aluminum composites [J]. Materials Science and Engineering A, 2006, 425 (1): 225-237.

[55] DAVIDSON A M, REGENER D. A comparison of aluminium-based metal-matrix composites reinforced with coated and uncoated particulate silicon carbide [J]. Composites Science and Technology, 2000, 60 (6): 865-869.

[56] SRIVATSAN T S, AL-HAJRI M, SMITH C, et al. The tensile response and fracture behavior of 2009 aluminum alloy metal matrix composite [J]. Materials Science and Engineering A, 2003, 346 (1): 91-100.

[57] 吕毓雄, 毕敬, 陈礼清, 等. SiCp 尺寸及基体强度对铝基复合材料破坏机制的影响 [J]. 金属学报, 2009, 34 (11): 1188-1192.

[58] 陈康华, 方玲, 李侠, 等. 颗粒失效对 SiCp/Al 复合材料强度的影响 [J]. 中南大学学报 (自然科学版), 2008, 39 (3): 493-499.

[59] LEWANDOWSKI J J, LIU C, HUNT W H. Effects of matrix microstructure and particle distribution on fracture of an aluminum metal matrix composite [J]. Materials Science and Engineering A, 1989, 107: 241-255.

[60] VOGELSANG M, ARSENAULT R J, FISHER R M. An in situ HVEM study of dislocation generation at Al/SiC interfaces in metal matrix composites [J]. Metallurgical Transactions A, 1986, 17 (3): 379-389.

[61] KIM C T, LEE J K, PLICHTA M R. Plastic relaxation of thermoelastic stress in aluminum/ceramic composites [J]. Metallurgical Transactions A, 1990, 21 (2): 673-682.

[62] 晏义伍. 颗粒尺寸对 SiCp/Al 复合材料性能的影响规律及其数值模拟 [D]. 哈尔滨: 哈尔滨工业大学, 2007.

[63] ASHBY M F. The deformation of plastically non-homogeneous materials [J]. Philosophical Magazine, 1970, 21 (170): 399-424.

[64] BEMBALGE O B, PANIGRAHI S K. Development and strengthening mechanisms of bulk ultrafine grained AA6063/SiC composite sheets with varying reinforcement size ranging from nano to micro domain [J]. Journal of Alloys and Compounds, 2018, 766: 355-372.

[65] HUMPHREYS F J, MILLER W S, DJAZEB M R. Microstructural development during thermomechanical processing of particulate metal-matrix composites [J]. Materials Science and Technology, 1990, 6 (11): 1157-1166.

[66] DUTTA I, BOURELL D L, LATIMER D. A theoretical investigation of accelerated aging in metal-matrix composites [J]. Journal of Composite Materials, 1988, 22 (9): 829-849.

[67] 姜龙涛. 亚微米 Al₂O₃ 颗粒增强铝基复合材料近界面区的显微结构特征 [D]. 哈尔滨: 哈尔滨工业大学, 2001.

[68] RIBES H, SUERY M, L'ESPERANCE G, et al. Microscopic examination of the interface region in 6061-Al/SiC composites reinforced with as-received and oxidized SiC particles [J].

Metallurgical Transactions A, 1990, 21 (9): 2489-2496.

[69] ARSENAULT R J, PANDE C S. Interfaces in metal matrix composites [J]. Scripta Metallurgica, 1984, 18 (10): 1131-1134.

[70] SCOTT V D, TRUMPER R L, YANG M. Interface microstructures in fibre-reinforced aluminium alloys [J]. Composites Science and Technology, 1991, 42 (1): 251-273.

[71] FLOM Y, ARSENAULT R J. Interfacial bond strength in an aluminium alloy 6061-SiC composite [J]. Materials Science and Engineering, 1986, 77: 191-197.

[72] FOO K S, BANKS W M, CRAVEN A J, et al. Interface characterization of an SiC particulate/6061 aluminium alloy composite [J]. Composites, 1994, 25 (7): 677-683.

[73] 李斗星, 平德海, 宁小光, 等. 界面精细结构与界面反应产物结构 [J]. 金属学报, 1992, 28 (7): 672-672.

[74] FEEST E A. Interfacial phenomena in metal-matrix composites [J]. Composites, 1994, 25 (2): 75-86.

[75] STRANGWOOD M, HIPPSLEY C A, LEWANDOWSKI J J. Segregation to SiC/Al interfaces in Al based metal matrix composites [J]. Scripta Metallurgica et Materialia, 1990, 24 (8): 1483-1487.

[76] HENRIKSEN B R, JOHNSEN T E. Influence of microstructure of fibre/matrix interface on mechanical properties of Al/SiC composites [J]. Materials Science and Technology, 1990, 6 (9): 857-862.

[77] ROMERO J C, ARSENAULT R J. Anomalous penetration of Al into SiC [J]. Acta Metallurgica et Materialia, 1995, 43 (2): 849-857.

[78] BINER S B. The role of interfaces and matrix void nucleation mechanism on the ductile fracture process of discontinuous fibre-reinforced composites [J]. Journal of Materials Science, 1994, 29 (11): 2893-2902.

[79] TENG Y H, BOYD J D. Measurement of interface strength in Al/SiC particulate composites [J]. Composites, 1994, 25 (10): 906-912.

[80] LI S, ARSENAULT R J, JENA P. Quantum chemical study of adhesion at the SiC/Al interface [J]. Journal of Applied Physics, 1988, 64 (11): 6246-6253.

[81] BERMUDEZ V M. Auger and electron energy-loss study of the Al/SiC interface [J]. Applied Physics Letters, 1983, 42 (1): 70-72.

[82] PORTE L. Photoemission spectroscopy study of the Al/SiC interface [J]. Journal of Applied Physics, 1986, 60 (2): 635-638.

[83] RIBES H, DA SILVA R, SUERY M, et al. Effect of interfacial oxide layer in Al-SiC particle composites on bond strength and mechanical behavior [J]. Materials Science and Technology, 1990, 6 (7): 621-628.

[84] LUO Z P. Crystallography of $SiC/MgAl_2O_4/Al$ interfaces in a pre-oxidized SiC reinforced SiC/Al composite [J]. Acta materialia, 2006, 54 (1): 47-58.

[85] KANNO Y. Properties of SiC, Si_3N_4 and SiO_2 ceramic powders produced by vibration ball milling [J]. Powder Technology, 1985, 44 (1): 93-97.

[86] VIALA J C, FORTIER P, BOUIX J. Stable and metastable phase equilibria in the chemical interaction between aluminium and silicon carbide [J]. Journal of Materials Science, 1990, 25 (3): 1842-1850.

[87] NUTT S R, CARPENTER R W. Non-equilibrium phase distribution in an Al-SiC composite [J]. Materials Science and Engineering, 1985, 75 (1): 169-177.

[88] JANOWSKI G M, PLETKA B J. The influence of interfacial structure on the mechanical properties of liquid-phase-sintered aluminum-ceramic composites [J]. Materials Science and Engineering A, 1990, 129 (1): 65-76.

[89] RADMILOVIC V, THOMAS G, DAS S K. Microstructure of α-Al base matrix and SiC particulate composites [J]. Materials Science and Engineering A, 1991, 132: 171-179.

[90] WITHERS P J, STOBBS W M, BOURDILLON A J. Various TEM methods for the study of metal matrix composites [J]. Journal of Microscopy, 1988, 151 (2): 159-169.

[91] ROHATGI P K. Interfacial phenomenon in cast metal-ceramic particle composites [J]. Interfaces in Metal-Matrix Composites, 1986: 185-202.

[92] MUNITZ A, METZGER M, MEHRABIAN R. The interface phase in Al-Mg/Al_2O_3 composites [J]. Metallurgical Transactions A, 1979, 10 (10): 1491-1497.

[93] HOWE J M. Bonding, structure and properties of metal/ceramic interfaces: Part 1 Chemical bonding, chemical reaction, and interfacial structure [J]. International Materials Reviews, 1993, 38 (5): 233-256.

[94] SRIVATSAN T S, AL-HAJRI M, VASUDEVAN V K. Cyclic plastic strain response and fracture behavior of 2009 aluminum alloy metal-matrix composite [J]. International Journal of Fatigue, 2005, 27 (4): 357-371.

[95] DUTTA B, SURAPPA M K. Age-hardening behaviour of Al-Cu-SiCp composites synthesized by casting route [J]. Scripta Metallurgica et Materialia, 1995, 32 (5): 731-736.

[96] SHAKESHEFF A J. Ageing and toughness of silicon carbide particulate reinforced Al-Cu and Al-Cu-Mg based metal-matrix composites [J]. Journal of Materials Science, 1995, 30 (9): 2269-2276.

[97] GENG L, ZHANG X N, WANG G S, et al. Effect of aging treatment on mechanical properties of (SiCw+SiCp)/2024Al hybrid nanocomposites [J]. Transactions of Nonferrous Metals Society of China, 2006, 16 (2): 387-391.

[98] MANDAL A, MAITI R, CHAKRABORTY M, et al. Effect of TiB_2 particles on aging response of Al-4Cu alloy [J]. Materials Science and Engineering A, 2004, 386 (1): 296-300.

[99] KIOURTSIDIS G E, SKOLIANOS S M, LITSARDAKIS G A. Aging response of aluminium alloy 2024/silicon carbide particles (SiCp) composites [J]. Materials Science and Engineering A, 2004, 382 (1): 351-361.

[100] ZHENG M Y, WU K, KAMADO S, et al. Aging behavior of squeeze cast SiCw/AZ91 magnesium matrix composite [J]. Materials Science and Engineering A, 2003, 348 (1): 67-75.

[101] 赵永春. 颗粒增强铝基复合材料的显微组织及力学行为 [D]. 哈尔滨: 哈尔滨工业大

学，1997.

[102] VARMA V K, MAHAJAN Y R, KUTUMBARAO V V. Ageing behaviour of Al-Cu-Mg alloy matrix composites with SiCp of varying sizes [J]. Scripta Materialia, 1997, 37 (4): 485-489.

[103] JIANG L, ZHAO M, WU G, et al. Aging behavior of sub-micron $Al_2O_3p/2024Al$ composites [J]. Materials Science and Engineering: A, 2005, 392 (1): 366-372.

[104] MA Z Y, BI J, LU Y X, et al. Effect of SiC particulate size on properties and fracture bjehavior of SiCp/2024Al composites [C]//Proceedings of the Ninth International Conference on Composite Materials (ICCM/9), Madrid, 1993: 448-453.

[105] ELOMARI S, SKIBO M D, SUNDARRAJAN A, et al. Thermal expansion behavior of particulate metal-matrix composites [J]. Composites Science and Technology, 1998, 58 (3): 369-376.

[106] XU Z R, CHAWLA K K, MITRA R, et al. Effect of particle size on the thermal expansion of TiCAl XD^{TM} composites [J]. Scripta Metallurgica et Materialia, 1994, 31 (11): 1525-1530.

[107] TURNER P S. Thermal-expansion stresses in reinforced plastics [J]. Journal of Research of the National Bureau of Standards, 1946, 37 (4): 239-250.

[108] KERNER E H. The elastic and thermo-elastic properties of composite media [J]. Proceedings of the Physical Society. Section B, 1956, 69 (8): 808.

[109] ELOMARI S, BOUKHILI R, LLOYD D J. Thermal expansion studies of prestrained Al_2O_3/Al metal matrix composite [J]. Acta Materialia, 1996, 44 (5): 1873-1882.

[110] SCHAPERY R A. Thermal expansion coefficients of composite materials based on energy principles [J]. Journal of Composite Materials, 1968, 2 (3): 380-404.

[111] PARK C S, LEE K J, KIM M H, et al. A metallurgical approach for the thermal expansion of the composite system with various phases [J]. Materials Chemistry and Physics, 2003, 82 (3): 529-533.

[112] PARK C S, KIM C H, KIM M H, et al. The effect of particle size and volume fraction of the reinforced phases on the linear thermal expansion in the Al-Si-SiCp system [J]. Materials Chemistry and Physics, 2004, 88 (1): 46-52.

[113] LEE H S, JEON K Y, KIM H Y, et al. Fabrication process and thermal properties of SiCp/Al metal matrix composites for electronic packaging applications [J]. Journal of Materials Science, 2000, 35 (24): 6231-6236.

[114] 吉元. 增强相含量及分布对电封装复合材料导热性的影响 [C]. 全国第十届复合材料学术会议论文集，上海，1998: 313-315.

[115] ARPON R, MOLINA J M, SARAVANAN R A, et al. Thermal expansion coefficient and thermal hysteresis of Al/SiC composites with bimodal particle distributions [C]. Materials Science Forum, 2003, 426: 2187-2192.

[116] KAWAI C. Effect of interfacial reaction on the thermal conductivity of Al-SiC composites with SiC dispersions [J]. Journal of the American Ceramic Society, 2001, 84 (4): 896-898.

[117] HASSELMAN D P H, JOHNSON L F. Effective thermal conductivity of composites with interfacial thermal barrier resistance [J]. Journal of Composite Materials, 1987, 21 (6):

508-515.

[118] DAVIS L C, ARTZ B E. Thermal conductivity of metal-matrix composites [J]. Journal of Applied Physics, 1995, 77 (10): 4954-4960.

[119] 吉元, 钟涛兴, 高晓霞, 等. 金属基复合材料界面导热性能的扫描热探针测试 [J]. 材料工程, 2000, 12: 29-31.

[120] NAN C W, BIRRINGER R, CLARKE D R, et al. Effective thermal conductivity of particulate composites with interfacial thermal resistance [J]. Journal of Applied Physics, 1997, 81 (10): 6692-6699.

[121] ERVIN V J, KLETT J W, MUNDT C M. Estimation of the thermal conductivity of composites [J]. Journal of Materials Science, 1999, 34 (14): 3545-3553.

[122] RAYLEIGH L. On the influence of obstacles arranged in rectangular order upon the properties of a medium [J]. The London, Edinburgh, and Dublin Philosophical Magazine and Journal of Science, 1892, 34 (211): 481-502.

[123] THAM L M, GUPTA M, CHENG L. Effect of reinforcement volume fraction on the evolution of reinforcement size during the extrusion of Al-SiC composites [J]. Materials Science and Engineering A, 2002, 326 (2): 355-363.

[124] YU X X, LEE W B. The design and fabrication of an alumina reinforced aluminum composite material [J]. Composites Part A: Applied Science and Manufacturing, 2000, 31 (3): 245-258.

[125] 肖伯律, 马宗义, 王全兆, 等. 高性能铝基复合材料的设计与加工技术 [J]. 中国材料进展, 2010, 29 (4): 28-36.

[126] PATEL A, DAS S, PRASAD B K. Compressive deformation behaviour of Al alloy (2014) - 10wt. % SiCp composite: Effects of strain rates and temperatures [J]. Materials Science and Engineering A, 2011, 530: 225-232.

[127] MONDAL D P, GANESH N V, MUNESHWAR V S, et al. Effect of SiC concentration and strain rate on the compressive deformation behaviour of 2014Al-SiCp composite [J]. Materials Science and Engineering A, 2006, 433 (1): 18-31.

[128] ZHANG P, LI F, WAN Q. Constitutive equation and processing map for hot deformation of SiC particles reinforced metal matrix composites [J]. Journal of Materials Engineering and Performance, 2010, 19 (9): 1290-1297.

[129] SOLIMAN M, EL-SABBAGH A, TAHA M, et al. Hot deformation behavior of 6061 and 7108 Al-SiCp composites [J]. Journal of Materials Engineering and Performance, 2013, 22 (5): 1331-1340.

[130] SHAO J C, XIAO B L, WANG Q Z, et al. Constitutive flow behavior and hot workability of powder metallurgy processed 20vol. % SiCp/2024Al composite [J]. Materials Science and Engineering A, 2010, 527 (29): 7865-7872.

[131] KO B C, PARK G S, YOO Y C. The effects of SiC particle volume fraction on the microstructure and hot workability of SiCp/AA2024 composites [J]. Journal of Materials Processing Technology, 1999, 95 (1): 210-215.

[132] XIA X, MCQUEEN H J. Deformation behaviour and microstructure of a 20% Al_2O_3 reinforced 6061Al composite [J]. Applied Composite Materials, 1997, 4 (6): 333-347.

[133] ĎURIŠINOVÁ K, ĎURIŠIN J, OROLÍNOVÁ M, et al. Effect of particle additions on microstruc-ture evolution of aluminium matrix composite [J]. Journal of Alloys and Compounds, 2012, 525: 137-142.

[134] RADHAKRISHNA BHAT B V, MAHAJAN Y R, ROSHAN H M D. Processing map for hot working of powder metallurgy 2124Al-20vol%SiCp metal matrix composite [J]. Metallurgical Transactions A, 1992, 23: 1992-2223.

[135] LEWANDOWSKI J J, LIU D S, LIU C. Observations on the effects of particulate size and superposed pressure on deformation of metal matrix composites [J]. Scripta Metallurgica et Materialia, 1991, 25 (1): 21-26.

[136] HU M S. Some effects of particle size on the flow behavior of Al-SiCp composites [J]. Scripta Metallurgica et Materialia, 1991, 25 (3): 695-700.

[137] JONAS J J, SELLARS C M, TEGART W J. Strength and Structure under Hot Working Conditions [J]. International Metallurgical Reviews, 1969, 14 (1): 1-24.

[138] VENUGOPAL S, VENUGOPAL P, MANNAN S L. Optimisation of cold and warm workability of commercially pure titanium using dynamic materials model (DMM) instability maps [J]. Journal of Materials Processing Technology, 2008, 202: 201-215.

[139] XIAO B L, FAN J Z, TIAN X F, et al. Hot deformation and processing map of 15%SiCp/2009 Al composite [J]. Journal of Materials Science, 2005, 40: 5757-5762.

[140] PARK D H, KO B C, YOO Y C. Evaluation of hot workability of particle reinforced aluminum matrix composites by using deformation efficiency [J]. Journal of Materials Science, 2002, 37 (8): 1593-1597.

[141] KO B C, YOO Y C. Prediction of dynamic recrystallization condition by deformation efficiency for Al 2024 composite reinforced with SiC particle [J]. Journal of Materials Science, 2000, 35 (16): 4073-4077.

[142] SPIGARELLI S, CERRI E, CAVALIERE P, et al. An analysis of hot formability of the 6061+20%Al_2O_3 composite by means of different stability criteria [J]. Materials Science and Engineering A, 2002, 327: 144-154.

[143] CERRI E, SPIGARELLI S, EVANGELISTA E, et al. Hot deformation and processing maps of a particulate-reinforced 6061+20%Al_2O_3 composite [J]. Materials Science and Engineering A, 2002, 324: 157-161.

[144] GANESAN G, RAGHUKANDAN K, KARTHIKEYAN R, et al. Development of processing maps for 6061Al/15% SiCp composite material [J]. Materials Science and Engineering A , 2004, 369: 230-235.

[145] NARAYANA MURTY S V S, NASESWARA RAO B, KASHYAP B P. On the hot working characteristics of 2014Al-20vol%Al_2O_3 metal matrix composite [J]. Journal of Materials Processing Technology, 2005, 166: 279-285.

[146] NARAYANA MURTY S V S, RAO B N. Instability map for hot working of 6061Al-10vol%

metal matrix composite [J]. Journal of Physics D: Applied Physics, 1998, 31 (22): 3306-3311.

[147] BHAT B V R, MAHAJAN Y R, PRASAD Y. Effect of volume fraction of SiCp reinforcement on the processing maps for 2124Al matrix composites [J]. Metallurgical and Materials Transactions A, 2000, 31 (3): 629-639.

[148] BHAT B V R, MAHAJAN Y R, ROSHAN H M, et al. Characteristics of superplasticity domain in the processing map for hot working of an Al alloy 2014-20vol.%Al$_2$O$_3$ metal matrix composite [J]. Materials Science and Engineering A, 1994, 189 (1): 137-145.

[149] CAVALIERE P, CERRI E, LEO P. Hot deformation and processing maps of a particle reinforced 2618/Al$_2$O$_3$/20p metal matrix composite [J]. Composite Science and Technology, 2004, 64: 1287-1291.

[150] CAVALIERE P. Isothermal forging of AA2618 reinforced with 20% of alumina particles [J]. Composite Part A, 2004, 35: 619-629.

[151] RAMANATHAN S, KARTHIKEYAN R, GANASEN G. Development of processing maps for 2124Al/SiCp composites [J]. Materials Science and Engineering A, 2006, 441 (1): 321-325.

[152] RAJAMUTHAMILSELVAN M, RAMANATHAN S. Development of processing map for 7075 Al/20% SiCp composite [J]. Journal of Materials Engineering and Performance, 2012, 21 (2): 191-196.

[153] POLIAK E I, JONAS J J. A one-parameter approach to determining the critical conditions for the initiation of dynamic recrystallization [J]. Acta Materialia, 1996, 44 (1): 127-136.

[154] POLIAK E I, JONAS J J. Initiation of dynamic recrystallization in constant strain rate hot deformation [J]. ISIJ International, 2003, 43 (5): 684-691.

[155] ASGHARZADEH H, SIMCHI A. Hot deformation behavior of P/M Al6061-20%SiC composite [C]. Materials Science Forum, 2007, 534: 897-900.

[156] 欧阳求保, 金方杰, 张荻, 等. SiCp/7A04 铝基复合材料的高温变形行为 [J]. 上海交通大学学报, 2008, 42 (9): 1405-1409.

[157] OUYANG D L, LU S Q, CUI X, et al. Dynamic recrystallization of titanium alloy TA15 during β hot process at different strain rates [J]. Rare Metal Materials and Engineering, 2011, 40 (2): 325-330.

[158] 张鹏, 李付国. SiC 颗粒增强 Al 基复合材料的动态再结晶模型 [J]. 稀有金属材料与工程, 2010, 39 (7): 1166-1170.

[159] HUMPHREYS F J. Recrystallization mechanisms in two-phase alloys [J]. Metal Science, 1979, 13 (3/4): 136-145.

[160] LLOYD D J. Particle reinforced aluminium and magnesium matrix composites [J]. International Materials Reviews, 1994, 39 (1): 1-23.

[161] ARSENAULT R J, WANG L, FENG C R. Strengthening of composites due to microstructural changes in the matrix [J]. Acta Metallurgica et Materialia, 1991, 39 (1): 47-57.

2 复合材料的研究方法及制备工艺

2.1 原材料的选择与表征

实验制备材料中的增强体选取 α-SiC 颗粒，其具有高硬度、高比强度，还具有较低的热膨胀系数，以及较高的导热系数。SiC 颗粒平均粒径分别为 3 μm、8 μm、15 μm、25 μm 和 40 μm，SiC 颗粒的物理性质和化学成分分别见表 2-1 和表 2-2。

表 2-1 SiC 颗粒的基本物理性质

增强体	硬度 (HV)	密度 /g·cm^{-3}	弹性模量 /GPa	熔点 /℃	线膨胀系数 /K^{-1}	比热容 /J·(kg·K)$^{-1}$
SiC	3280~2200	3.2	450	2735	4.2×10^{-6}	840

表 2-2 SiC 颗粒的主要化学成分

SiC 颗粒尺寸/μm	化学成分（质量分数）/%		
	SiC	Fe$_2$O$_3$	游离碳
3	97.6	0.19	0.18
8	98.0	0.18	0.18
15	98.3	0.17	0.16
25	98.7	0.16	0.15
40	99.1	0.14	0.12

碳化硅的晶体结构大致可分为三种：立方结构（如 3C），六角（如 2H、4H、6H）和菱方结构（如 15R、21R）。图 2-1 所示为不同尺寸的 SiC 颗粒原始形貌及 XRD 谱图，从形貌图可见，SiC 颗粒基本为不规则多角形；当 SiC 颗粒尺寸相对较大时，颗粒较圆滑，尖角较少，而小尺寸 SiC 颗粒尖角较多。从 XRD 谱图可以看出，SiC 颗粒主要是 α-SiC（或称 6H-SiC），此外还存在少量的 β-SiC（3C-SiC）。表 2-3 为上述两种 SiC 的晶体结构及晶格常数。

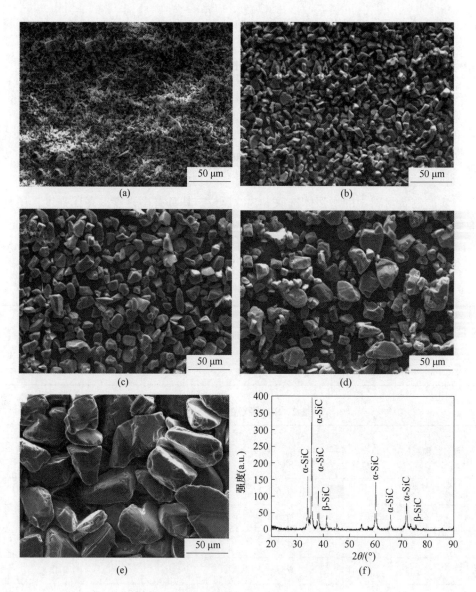

图 2-1   SiC 颗粒的原始形貌及 XRD 谱图

（a）3 μm；（b）8 μm；（c）15 μm；（d）25 μm；（e）40 μm；（f）XRD 谱图

表 2-3   两种 SiC 晶体结构及晶格常数

SiC 晶型	晶体结构	空间群	晶格常数/nm	原子堆垛次序
6H-SiC	六方	$P6_3mc$（186）	$a=0.3073$，$c=1.5080$	ABCACB
β-SiC	立方	$F\bar{4}3m$（216）	$a=0.4359$	ABCABC

图 2-2 是实验微观组织观察所得的两种 SiC 晶型的高分辨率图及电子衍射花样，图 2-2（a）为一个典型的密排六方 α-6H-SiC 高分辨率图，每个（001）晶面包含 6 个堆垛层，堆垛次序为 ABCACB，每个堆垛层的晶面间距为 0.251 nm。图 2-2（d）对应［001］的 β-SiC 结构为面心立方结构。

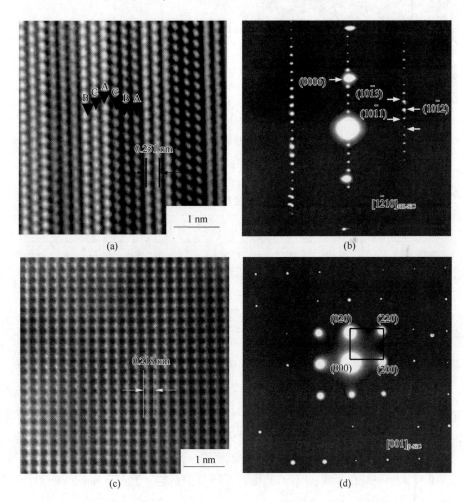

图 2-2　复合材料中 SiC 的高分辨率图及相应的电子衍射花样

（a）6H-SiC 高分辨像；（b）6H-SiC 衍射花样；（c）β-SiC 高分辨像；（d）β-SiC 衍射花样

基体选取了 2024Al 合金，图 2-3（a）是采用氧含量为 0.2%～0.5%气雾化法制备的 2024Al 粉末形貌，合金粉末平均粒度约为 10 μm，粉末形貌接近于球形，其合金成分见表 2-4。图 2-3（b）是 2024Al 合金粉末的 XRD 谱图，从图中可以看出，只有 Al 峰存在，说明在雾化制粉的时候，合金元素均过饱和固溶在 Al 中。

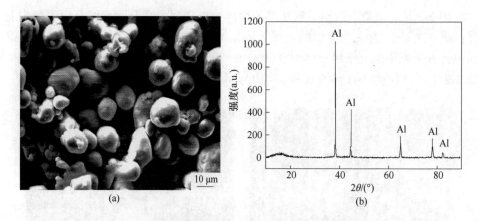

图 2-3　2024Al 合金粉末的 SEM 图及 XRD 谱图

(a) SEM 形貌图；(b) XRD 谱图

表 2-4　2024Al 合金粉的主要化学成分

元素	Cu	Mg	Mn	Fe	Si	Ti	Zn	Al
质量分数/%	4.21	1.29	0.55	0.08	0.03	0.008	0.013	其余

2.2　试验方法

2.2.1　拉伸试验

在室温下测定复合材料的抗拉强度，抗拉强度测试在 Shimadzu（岛津）AG-I250 kN 精密万能试验机和 Instron-1186 型电子万能试验机上进行，加载速率为 0.5 mm/min，采用引伸计辅助测量屈服强度、伸长率和弹性模量。每组试样选取三个相同的样品，测试结果取三次试验数据的平均值。试样按照拉伸试样国家标准 GB/T 228—2002 要求加工，采用圆形横截面试样，直径 5 mm，原始标距为 25 mm。

2.2.2　硬度测试

复合材料硬度测试采用 HB-3000B 型布氏硬度仪。试验中测试试样尺寸为 ϕ40 mm×10 mm，用砂纸对复合材料试样表面进行简单抛光处理，测试条件按照国家标准（GB 231—84），压头直径为 10 mm，压力为 1000 kgf（9806.65 N），加压时间自动设置为 30 s，每个试样测量 3 次，压痕直径分别换算为硬度值最后求平均值。

2.2.3　显微组织观察

试验中采用光学金相显微镜（Olympus PMG3 型）和带有 EDAX 能谱仪的场发射扫描电子显微镜（FE-SEM，JSM-6700F）及扫描电子显微镜（JSM-5610LV）观察复合材料的微观组织，腐蚀剂使用 Keller 试剂。微观结构采用超高分辨透射电子显微镜（HRTEM，JEM-2100）观察复合材料中 SiC、基体和析出相的形貌，以及相应的高分辨电子像。试样制备一般将试验材料线切割成 0.5 mm 厚的薄片，先用砂纸磨到 30~40 μm，用螺旋测微器测量，如果厚度略大一点也可以在金相 GCP 砂纸上用手按着磨薄，然后冲成 φ3 mm 的圆薄片，在 Guton691 离子减薄仪上减薄至圆片中间冲出一个小洞。

2.2.4　X 射线衍射分析

复合材料进行物相分析利用德国产 D-8X 射线衍射仪，采用 Cu 靶 K_α 辐射，特征波长为 15.40598 nm。所测试样表面经打磨、简单抛光后经 10%NaOH 溶液轻微腐蚀，消除表面加工层可能对测试结果的影响。扫描速度选择慢扫（0.5°/min），衍射角范围为 0°~90°。

2.2.5　热压缩变形试验

采用 Gleeble-1500D 热模拟试验机研究复合材料的高温热变形行为，采用圆柱体单向压缩法。将烧结后的试样线切割加工成 φ8 mm×12 mm 的热模拟试样，变形温度为 350 ℃、400 ℃、450 ℃ 和 500 ℃，应变速率为 0.01 s^{-1}、0.1 s^{-1}、1 s^{-1} 和 10 s^{-1}，升温速率为 10 ℃/s。总变形程度约为 50%，真应变达到 0.7，压缩过程中自动采集应力、应变、温度等数据[1-2]。

2.2.6　热膨胀系数的计算

采用德国林赛斯公司制造的热膨胀仪（Linseis DILL76）对试样热膨胀系数进行测定。根据固体"线性热膨胀"标准 GB 4339—84，复合材料的平均线膨胀系数可用式（2-1）表示。

$$CTE = \frac{\Delta L}{L_0 \Delta T} \tag{2-1}$$

式中，L_0 为试样测量前的起始长度；ΔL 为一段温度变化 ΔT 对应的长度变化量。

用计算机自动计算膨胀系数。试样尺寸要求 φ8 mm×12 mm，圆柱试样上下表面严格平行。测试温度范围为 -80~400 ℃，升温速度为 5 ℃/min。

2.2.7　导热系数的计算

采用激光导热仪测定试样的热扩散率，并按导热系数的计算公式计算所测复合材料的导热系数：

$$\lambda = c_p \rho k$$

式中，λ 为复合材料的导热系数；c_p 为复合材料的比热容；ρ 为复合材料的密度；k 为复合材料的热扩散率。

复合材料标准试样为 $\phi 12.7$ mm×3.8 mm 的圆片，测试温度范围为 25~150 ℃，升温速度为 5 ℃/min，圆柱试样上下表面严格平行。

2.2.8　密度的测定

采用阿基米德原理测定材料密度。将试样在空气中和蒸馏水中分别称重，利用式（2-2）计算试样密度。

$$\rho = \frac{M_1 \rho_1}{M_1 - M_2} \tag{2-2}$$

式中，ρ_1 为蒸馏水的密度；M_1 为在空气中的试样质量；M_2 为试样置于蒸馏水中天平显示的质量。

所用电子天平的精度 0.1 mg，分别测试 3 次，然后取平均值。

试样的理论密度根据混合定律计算：

$$\rho_{理论} = x_p \rho_p + x_m \rho_m \tag{2-3}$$

式中，x_p、x_m 分别为试样中 SiC 颗粒和 2024Al 合金粉末的体积分数；ρ_p、ρ_m 分别为 SiC 颗粒和 2024Al 合金的理论密度。

相对密度（或致密度）取实测密度和理论密度的比值。

2.2.9　差热分析

通过差热分析（DSC）试验可测量复合材料中基体合金的液、固两相区温度，也可以研究材料的时效动力学行为，为确定复合材料的烧结温度、固溶温度和高温变形温度提供依据。DSC 试验在德国 Netzsch 公司 STA449C 热分析仪上进行，测试样品尺寸为 $\phi 4$ mm×2 mm。试验前用砂纸把待测样磨平，放于丙酮中进行超声波清洗，最后用无水乙醇清洗并干燥。为测量复合材料中基体合金的液、固两相区温度，将加热温度选为室温（25 ℃）至 700 ℃，升温速率为 5 ℃/min，坩埚材料为 Al_2O_3。

2.3　复合材料的制备方法

试验采用粉末冶金法制备复合材料。试验分别选取不同粒径的 SiC 颗粒作为增强体材料，按照体积分数 30%、35% 和 40% 的要求，根据 SiC 颗粒和 2024Al 合金粉末的理论密度，将体积比转换为质量比进行配比。

$$M_1 = \frac{x_1\rho_1}{x_1\rho_1 + x_2\rho_2}M \tag{2-4}$$

$$M_2 = M - M_1 \tag{2-5}$$

式中，M 为粉末总质量；M_1 为 SiC 质量；M_2 为铝合金粉末质量；ρ_1 为碳化硅的密度；ρ_2 为铝合金的密度。

根据既定方案配制好的混合粉末，按照以下工艺进行制备：

（1）进行原始粉末预处理。用 5%HF 清洗原始 SiC 粉末，过滤后置于乙醇中超声波分散，放到干燥箱中烘干。预处理后的 SiC 颗粒和基体粉末在 Y 型机械混粉机上进行干混，选取 ϕ10 mm 和 ϕ5 mm Al$_2$O$_3$ 球混合作为磨球，球料比为 2∶1，转速 50 r/min，混粉时间为 24 h。混合好的粉末滤掉磨球放到真空干燥箱内在 120 ℃ 下干燥，一般连续保温时间不低于 6 h。

（2）将混合粉末装入模具中，放入真空热压烧结炉中进行热压烧结，基体材料也采用相同的制备工艺以方便对比。预压压力 120 MPa，预压 30 min。热压压力 40~90 MPa，热压温度 500~620 ℃，保温保压时间 1~4 h，保温保压期间每隔 50 min 减压 10 min。随后关闭加热系统，真空中随炉在循环水作用下冷至室温后，得到尺寸为 ϕ30 mm×60 mm 复合材料样品。

2.4 复合材料的制备工艺优化

对于中等体积分数的 SiC 颗粒增强铝基复合材料，随 SiC 体积分数增多，热压工艺参数对不连续颗粒增强铝基复合材料的性能有较大影响。但是，目前针对热压工艺参数对中等体积分数 SiC 颗粒增强铝基复合材料性能影响的研究较少。因此，有必要针对热压温度等参数对 SiCp/Al 复合材料界面结构及性能的影响进行深入研究[3]。本节主要研究热压温度、热压压力和保温时间等真空热压制备工艺参数对复合材料的微观组织及力学性能的影响，同时研究热处理工艺参数对材料力学性能的影响，以期获得材料的制备和热处理的最优化参数。

2.4.1 热压烧结温度对复合材料性能及组织的影响

2.4.1.1 热压温度对复合材料的力学性能和密度的影响

表 2-5 为不同热压温度下制备的 30%SiCp/Al 复合材料的致密度、硬度、抗拉强度和伸长率。随着真空热压温度由 520 ℃ 提高到 600 ℃，复合材料的致密度从 98.7% 提高到 99.6%，材料的致密度随热压温度升高而逐渐升高，与文献 [4] 报道的研究结果相一致。

表 2-5　不同热压温度下制备的 30%SiCp/Al 复合材料的致密度及力学性能

样品	热压温度 /℃	拉伸强度 /MPa	伸长率 δ_5 /%	硬度 (HBS)	致密度 /%
MMC1	520	143	1.76	56.5	98.7
MMC2	540	155	3.12	57.6	99.0
MMC3	560	176	4.06	60.1	99.2
MMC4	580	198	5.61	61.2	99.5
MMC5	600	179	4.98	67.3	99.6

温度越高，扩散系数越大，越有利于提高烧结体的致密度。同时，随热压温度升高铝合金基体中的液相含量增大。例如，热压温度为 580 ℃时，液相体积分数大约为 7%，少量液相的出现有利于粉末颗粒的结合和间隙的填充，从而获得高的致密度。随热压温度由 520 ℃升高到 580 ℃，复合材料的抗拉强度和伸长率均明显提高；随烧结温度升高，材料的孔洞减少，界面结合增强，有助于强度和伸长率提高。当热压温度从 580 ℃升高到 600 ℃时，抗拉强度和伸长率均出现下降，热压温度为 580 ℃时材料的抗拉强度和伸长率均达到最大[3]。

2.4.1.2　复合材料的显微组织及 SiC 颗粒分布

在不同热压温度下制备的 30%SiCp/Al 复合材料的显微组织如图 2-4 所示（只列出相对区别明显的做比较），图中灰色区域为铝合金基体，黑色为 SiC 增强颗粒，白色颗粒为基体中的 AlCu 相（见 2.4.1.3 节）。从图 2-4 (a) 和 (b) 可看出，SiC 颗粒宏观上分布较均匀，随热压温度从 540 ℃升高到 580 ℃，SiC 分布没有明显变化，未出现明显的贫 SiC 区域，这与 Shin 等人[4]的研究结果有所不同。

从图 2-4 (c)~(e) 看出，在 540 ℃、560 ℃和 580 ℃下热压制备的样品，其显微组织差别不大；由图 2-4 (f) 可看出，在 600 ℃下热压时，SiC 颗粒明显出现损伤，部分出现裂纹，也有部分 SiC 颗粒被压碎，SiC 颗粒的损伤将成为明显的断裂源，直接影响复合材料的力学性能[3]。

2.4.1.3　复合材料的界面结合及相组成

图 2-5 (a)~(e) 为热压温度分别为 520 ℃、540 ℃、560 ℃、580 ℃和 600 ℃下制备的 30%SiCp(40 μm)/Al 复合材料的微观组织。图 2-5 (f) 为图 2-5 (d) 中白色颗粒的 EDS 谱图。从图 2-5 (a) 可以看到，在热压温度为 520 ℃时，界面附近观察到孔洞和界面开裂现象，SiC 颗粒尖角处有明显的孔洞存在，SiC 颗

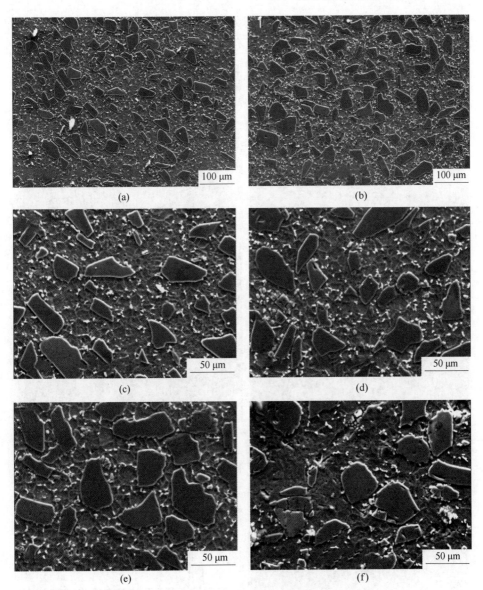

图 2-4 不同热压温度下制备的复合材料的显微组织
(a) (c) 540 ℃；(b) (e) 580 ℃；(d) 560 ℃；(f) 600 ℃

粒和基体结合弱。当热压温度低于 560 ℃时，由于热压过程中液相较少，且粉末颗粒的变形量较小，塑形流动较差，因此容易存在孔洞。从图 2-5 （c） 和 （d） 看出孔洞明显减少，且 SiC 颗粒和基体界面结合紧密。当热压温度处于 580 ℃ 和 600 ℃时，液相体积分数适中，并且合金粉末的变形能力提高，有利于致密度的提高，复合材料的界面结合良好。由图 2-5 （f） 的 EDS 分析可知，复合材料中白色颗粒为 AlCu 合金相，其多数存在于铝基体颗粒边界和 SiC 颗粒边缘[3]。

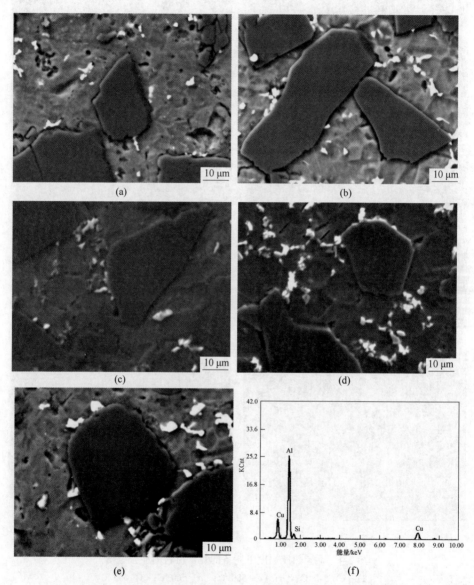

图 2-5   不同热压温度下制备的复合材料的显微组织和 EDS 谱图
（a）520 ℃；（b）540 ℃；（c）560 ℃；（d）580 ℃；（e）600 ℃；（f）白色颗粒的 EDS 谱图

图 2-6 为不同热压温度下制备的复合材料的 XRD 谱图。由图可见，复合材料中除了有 SiC、Al 外，还观察到有 Al_2Cu 相存在（对应图 2-5（d）中的白色颗粒），没有明显的其他相或含量很少。X 射线衍射峰的强度随组成相的含量而变

化[5]，热压温度从 580 ℃升高到 600 ℃时，Al_2Cu 相的衍射峰强度减弱，显示 Al_2Cu 相的数量减少；究其原因，Al_2Cu 相的熔点为 590 ℃，当热压温度 600 ℃时，Al_2Cu 相熔化，在热压时有少量液相从热压模具缝隙流出。综合以上分析，在温度 600 ℃下热压时，含有大量 Al_2Cu 相的液相，Al_2Cu 相部分熔化形成微孔可能成为基体中的微裂纹源，导致抗拉强度和伸长率下降；另外，在真空状态下，热压制备时液相易从模具间隙流出，造成基体强度下降[3]。

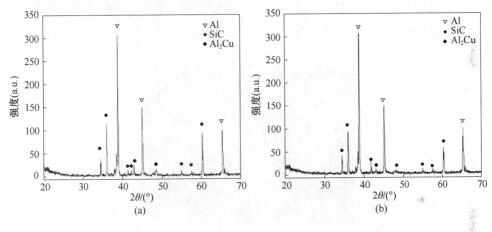

图 2-6   不同热压温度下制备复合材料的 XRD 谱图

(a) 580 ℃；(b) 600 ℃

2.4.1.4   复合材料的抗拉强度和断口形貌

图 2-7 为不同热压温度下制备复合材料的拉伸断口形貌。从图 2-7（a）可看出，较低温度下（540 ℃）热压时，基体合金与 SiC 颗粒之间结合较差，断裂以 SiC 颗粒与基体的脱黏为主。在热压温度为 580 ℃时，SiC 颗粒与基体之间的界面结合强度增高，断口出现较多的韧窝，复合材料的断裂以基体韧性断裂和小部分颗粒断裂为主，如图 2-7（b）所示；当热压温度达到 600 ℃时，复合材料的断裂方式以 SiC 颗粒的解理断裂为主，也有小部分为基体的韧性断裂[3]。

对于 SiC 颗粒增强铝基复合材料，在拉伸变形中，外加应力通过铝基体传递给 SiC 颗粒，提高抗拉强度[6-7]。另外，SiC 颗粒和铝基体由于热错配产生的位错强化[8]也有显著的强化作用，这些都要求有良好的界面结合和较少的缺陷与损伤。在较低热压温度下制备的试样，孔洞较多，SiC 颗粒与 Al 基体间结合较弱。孔洞、Al 基体，以及基体和颗粒界面都可能成为断裂源，同时，界面处的孔洞降低了 SiC 颗粒与 2024Al 基体之间力的传递效果，使得整体强度较低。在高于 550 ℃的热压烧结时，基体合金颗粒变软，在压力作用下颗粒表面的氧化膜容易由于颗粒间的相互挤压而破碎，暴露出的新鲜表面使得基体颗粒之间及基体颗

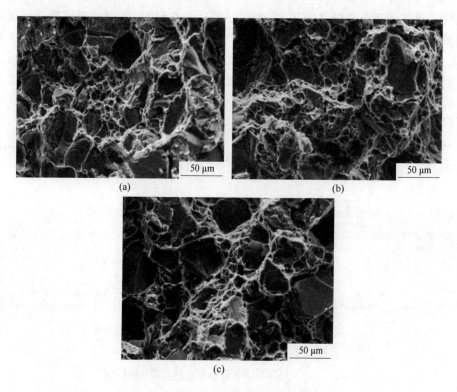

图 2-7 不同热压温度下制备 SiCp/Al 复合材料的拉伸断口形貌

(a) 540 ℃；(b) 580 ℃；(c) 600 ℃

粒与 SiC 颗粒之间能达到很好的烧结效果，从而提高界面结合强度。Kevorkijan[9]在最近的研究中发现，热压时少量液相的出现对获得高致密度和良好的界面结合是有益的。因此，在 580 ℃热压时，SiC 颗粒与铝基体结合牢固且铝基体的强度高。良好的界面很好地进行了载荷传递，SiC 颗粒承担较高的载荷作用而发生解理断裂。在 600 ℃热压时，由于析出强化相 Al₂Cu 液相被挤出，引起基体强度下降；同时，在 600 ℃下热压时，造成较多 SiC 颗粒的损伤，成为断裂源，断口上出现较多的颗粒解理断裂，导致材料的抗拉强度下降[3]。

对不同热压温度下制备的复合材料界面结构和组成相的研究表明，热压温度不仅影响复合材料的致密度和颗粒分布，更重要的是直接影响复合材料的界面结合方式及生成的合金相含量，都会影响到复合材料的力学性能。提高热压温度可以加快扩散速率，有效降低孔洞数量，提高界面结合强度和材料致密度。随热压温度升高，材料的抗拉强度和伸长率增大，当热压温度为 580 ℃时达到最佳，但过高的热压温度会造成力学性能和伸长率下降；热压温度超过 590 ℃时，强化相 Al₂Cu 部分熔化成为基体中的微裂纹源，并且基体中强化相 Al₂Cu 减少，导致复合材料抗拉强度和伸长率下降。因此，选择适当的热压温度是制备力学性能优异的复合材料的关键[3]。

2.4.2 热压压力和保温时间的确定

图 2-8 是复合材料致密度和抗拉强度随热压压力增加的变化图，从图中可以明显地看出，随热压压力增大，材料的致密度和抗拉强度均相应增大，压力从 45 MPa 增加到 60 MPa 时影响明显；但是，压力从 60 MPa 增加到 90 MPa 时，致密度和抗拉强度的增加幅度明显放缓；在压力为 75 MPa 时材料的致密度超过 99%。随着热压压力的增大，复合材料的组织结合更为紧密，孔隙率减少，SiC 颗粒和 Al 界面的结合能力逐渐提高。考虑到热压压力过大对部分液相的挤出效应，在对抗拉强度和致密度影响不大的情况下，热压压力稳定在 70~80 MPa 比较合理。

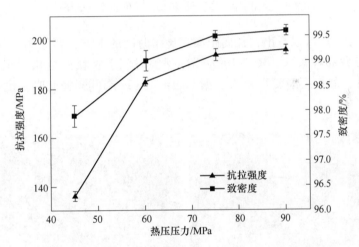

图 2-8　热压压力对复合材料抗拉强度和致密度的影响

图 2-9 为保温时间（热压温度 580 ℃）对材料抗拉强度和硬度的影响。保温时间从 2 h 增加到 3 h 时，抗拉强度和硬度均迅速上升，继续延长保温时间到 4 h 后，抗拉强度和硬度都出现小幅的下降。保温时间较长，烧结后的密度一般也较高，符合烧结动力学理论。因为保温时间越长，原子将有充分的时间进行扩散迁移，从而可以消除大量的孔隙，颗粒界面间的结合也更加充分，因而相对密度越高。但由于保温时间的延长为晶粒的生长、发育提供了良好的动力学条件，因此促进了晶粒的长大。

扩散与时间的关系可以用式（2-6）描述[10]。

$$r = 2.4 \sqrt{Dt} \qquad (2-6)$$

式中，r 为径向距离；D 为扩散系数；t 为扩散时间。

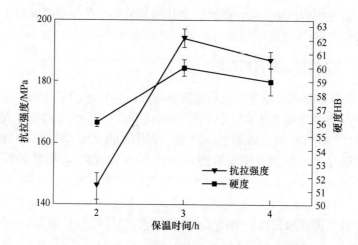

图 2-9 保温时间对复合材料抗拉强度和硬度的影响

由式（2-6）可以看出，径向距离正比于时间的平方，当保温时间较长时，原子扩散导致晶粒长大。图 2-10 为不同保温时间下材料的金相组织，保温时间为 4 h 时，晶粒逐渐变得粗大，据 Hall-Petch 理论可解释此时强度和硬度的下降。

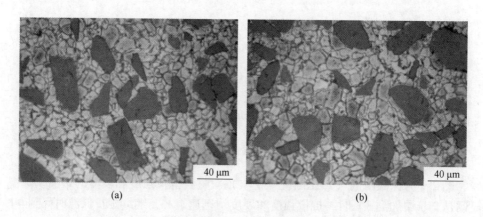

图 2-10 不同保温时间下复合材料的金相组织
（a）3 h；（b）4 h

综合考虑试验结果，确定较优的热压烧结保温时间为 3 h。

2.4.3 复合材料的热处理工艺研究

SiCp/2024Al 复合材料通过热处理可以大幅提高力学性能。本节主要研究固溶处理温度对复合材料组织及性能的影响，利用人工时效硬度曲线确定时效时间。为了确定 SiCp/Al 复合材料的固相线温度，利用差热分析仪进行差热扫描热分析（DSC），加热到最高温度为 700 ℃，升温速率为 5 ℃/min。

图 2-11 为复合材料的 DSC 曲线。由图可见，在 510 ℃ 左右有一个小的吸热峰，表明材料在该温度附近发生了 α-Al+S+θ 三相共晶复熔；640 ℃ 附近较大的吸热峰对应铝合金的熔点。一般来说，随加热速率的升高，同一材料的 DSC 曲线形状不会改变，但吸热峰对应的温度稍微向高温区移动。如果在同一加热速率条件下，复合材料的固相线温度稍低于基体合金的固相线温度，这是由于增强体的加入导致复合材料中增强体与基体的界面所占的比例增多，复合材料熔点降低。为防止材料过烧，固溶处理温度选定在不高于 510 ℃。

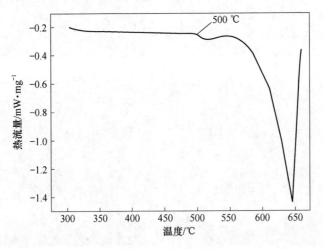

图 2-11　复合材料的差热分析图

（升温速率 5 ℃/min）

参照 2024Al 合金的标准固溶温度（493±3）℃，试验利用箱式电阻炉进行热处理，固溶温度分别设置为 495 ℃、500 ℃、505 ℃ 和 510 ℃，加热速率仍然确定为 5 ℃/min，固溶保温时间 2 h，然后在 5 s 内取出进行水淬处理。时效处理温度选取 190 ℃ 在鼓风干燥箱中进行，时效时间为 0~10.5 h，每间隔 30 min 取出一组试样用布氏硬度计测试其硬度。

2.4.3.1　不同固溶温度下的微观组织变化

复合材料经不同固溶温度处理后组织的背散射 SEM 照片如图 2-12 所示，前文中已经说明白色颗粒为分布在基体中的粗大第二相。由图 2-12 可以看出，在 495 ℃ 固溶时（见图 2-12（a）），大部分第二相粒子已经溶解到基体合金中。随着固溶温度的升高，当固溶温度达到 500~505 ℃（见图 2-12（c）和（d）），可溶相基本完全溶解，已经很少能看到白色质点，仅剩下极少量的不可溶相存在于基体中。温度升高到 510 ℃时，有轻微的部分过热现象。总体上可溶相在 500~505 ℃范围基本都固溶到基体中。下面结合材料的力学性能确定较优的固溶温度。

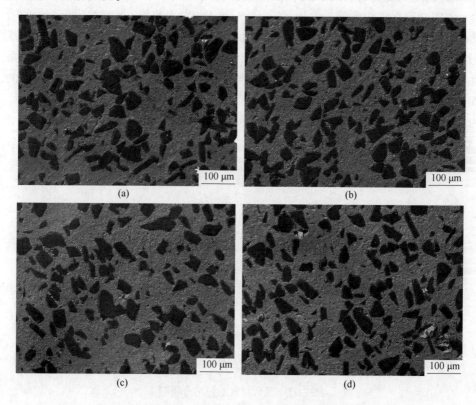

图 2-12　材料经过不同固溶温度处理后的扫描电镜照片
（a）495 ℃固溶；（b）500 ℃固溶；（c）505 ℃固溶；（d）510 ℃固溶

2.4.3.2　不同固溶温度对复合材料力学性能的影响

图 2-13 给出了不同固溶温度处理后复合材料在室温下测量得到的抗拉强度和硬度。在 495~510 ℃范围内，固溶温度升高，抗拉强度和硬度呈现先增大后减小趋势，在 505 ℃时达到最高值（σ_b = 242 MPa，HBS=97）；固溶温度为 510 ℃时强度和硬度出现下降，这应该与在 510 ℃固溶时，接近材料的过烧温度，会引起晶粒长大和轻微过烧有关。

2.4.3.3　时效析出行为

复合材料在 190 ℃时效硬化曲线如图 2-14 所示。复合材料中由于增强体的加入，时效峰出现在大约为 4.5 h 处，时效峰过后，硬度有一个短暂的下降，然

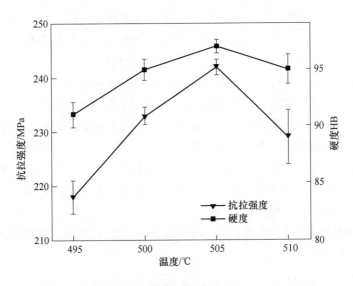

图 2-13 固溶温度对复合材料的抗拉强度和硬度的影响

后上升维持比较稳定的值，一直到 10 h 后硬度都没有明显的下降。由于 SiC 与铝合金基体之间热膨胀系数不同，复合材料从高温向低温冷却过程中产生高密度位错，溶质原子脱溶之后被吸附在位错线上并直接形核；另外，高密度位错可增加原子扩散通道，加快原子扩散速度，加速了复合材料的时效析出过程。因此加入 SiC 颗粒后，复合材料的时效发生速度比铝合金基体的时效速度要快。一般而言，颗粒增强复合材料的自然时效硬化过程略滞后于基体合金，而人工时效硬化过程则提前于基体合金[11]。

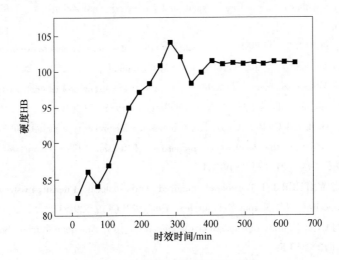

图 2-14 复合材料的时效硬化曲线

　　SiC 颗粒的加入使得复合材料的硬度值在时效初始阶段出现先下降后升高的现象，说明时效过程中存在软化机制。Sheu[12]认为，引起高体积分数复合材料出现时效软化的原因是基体发生回复所致。复合材料时效行为是时效引起的硬化与回复引起的软化相互竞争的过程，且这两者都受基体位错密度的影响。颗粒的加入引入更多的界面和更高的位错密度，复合材料淬火处理后，SiC 颗粒周围的基体内存在着很高的热残余应力、大量的空位和非常多的缠结位错。复合材料中基体位错密度分布是不均匀的，相对较高的位错密度意味着相对较高的应变能，从而为回复提供较高的驱动力。复合材料时效初期，S′相尚未形成，回复软化占主导地位。随着时效的进行，S′相孕育形核并长大，此时，时效析出相的硬化占主导地位，材料的硬度值升高。

　　综合材料组织、抗拉强度和硬度测试结果，复合材料的时效热处理温度确定为 505 ℃固溶 2 h，水淬，190 ℃人工时效处理 7~10 h。

参 考 文 献

[1] 郝世明，谢敬佩，王爱琴，等 . 中体分 SiCp/Al 复合材料的热变形行为和功率耗散图 [J]. 材料热处理学报，2014，35（3）：31-35.

[2] 郝世明，谢敬佩 . 30%SiCp/2024Al 复合材料的热变形行为及加工图 [J]. 粉末冶金材料科学与工程，2014，19（1）：1-7.

[3] 郝世明，谢敬佩，王爱琴，等 . 热压温度对 30%SiCp/Al 复合材料组织与力学性能的影响 [J]. 粉末冶金材料科学与工程，2013，18（5），655-661.

[4] SHIN K, CHUNG D, LEE S. The effect of consolidation temperature on microstructure and mechanical properties in powder metallurgy-processed 2××× aluminum alloy composites reinforced with SiC particulates [J]. Metallurgical and Materials Transactions A, 1997, 28（12）：2625-2636.

[5] EFE G C, YENER T, ALTINSOY I, et al. The effect of sintering temperature on some properties of Cu-SiC composite [J]. Journal of Alloys and Compounds, 2011, 509（20）：6036-6042.

[6] NARDONE V C. Assessment of models used to predict the strength of discontinous silicon carbide reinforced aluminum alloys [J]. Scripta Metallurgica, 1987, 21（10）：1313-1318.

[7] TAYA M, ARSENAULT R J. A comparison between a shear lag type model and an Eshelby type model in predicting the mechanical properties of a short fiber composite [J]. Scripta Metallurgica, 1987, 21（3）：349-354.

[8] DERBY B, WALKER J R. The role of enhanced matrix dislocation density in strengthening metal matrix composites [J]. Scripta Metallurgica, 1988, 22（4）：529-532.

[9] KEVORKIJAN M V. MMCs for automotive applications [J]. American Ceramic Society Bulletin, 1998, 77（12）：53-59.

[10] RAHIMIAN M, EHSANI N, PARVIN N, et al. The effect of particle size, sintering temperature

and sintering time on the properties of Al-Al$_2$O$_3$ composites, made by powder metallurgy [J]. Journal of Materials Processing Technology, 2009, 209 (14): 5387-5393.

[11] CHOUDHURY I A, EL-BARADIE M A. Machinability of nickel-base super alloys: a general review [J]. Journal of Materials Processing Technology, 1998, 77 (1): 278-284.

[12] SHEU C Y, LIN S J. Ageing behaviour of SiCp-reinforced AA7075 composites [J]. Journal of Materials Science, 1997, 32 (7): 1741-1747.

3 SiCp/Al 复合材料的力学性能

3.1 引 言

增强体 SiC 颗粒尺寸、体积分数、颗粒在基体中的分布和基体微观结构等因素都会影响复合材料的力学性能，增强体 SiC 颗粒体积分数的增多会造成颗粒分布不均和界面结合差等状况。如果能够不增加 SiC 颗粒体积分数，通过调整 SiC 颗粒和基体颗粒尺寸来调节复合材料的性能，有效发挥 SiC 颗粒强化的作用，达到所需的性能，将大大降低制造成本。目前，关于 SiC 颗粒和基体颗粒尺寸级配对复合材料力学性能影响的认识还没有达成普遍的共识，对颗粒增强金属基复合材料的研究还远远没有到按需设计和控制的水平，认识的局限使得科技工作者还不能最大限度地发挥颗粒增强体灵活调节材料性能的潜在优势，因此还做不到按照实际应用的需求来设计和控制复合材料的性能。对于中等体积分数 SiCp/Al 复合材料来说，要达到光学/仪表级复合材料的性能要求，既要获得较低的热膨胀系数，又需要较高的强度，要兼顾这一矛盾，必须更注重细观力学参数的调节。因此，系统研究中等体积分数范围内 SiC 颗粒尺寸和体积分数对铝基复合材料力学性能的影响，具有十分重要的理论意义，同时也有重要的应用价值。

本章介绍通过试验研究 SiC 颗粒体积分数和尺寸变化对 SiCp/Al 复合材料的 SiC 颗粒分布、显微组织结构、抗拉强度和伸长率等影响，探明 SiC 颗粒尺寸和体积分数对 SiCp/Al 复合材料力学性能的影响规律，阐明复合材料的强化机制和应用前景。

3.2 SiCp/Al 复合材料的微观组织

3.2.1 SiC 颗粒分布

图 3-1 为不同 SiC 颗粒尺寸和体积分数的 SiCp/Al 复合材料的金相组织，图中黑色部分为 SiC 颗粒，白色部分为铝基体。由图 3-1 （a）和（f）看出，在 SiCp(3 μm)/Al 复合材料中 SiC 颗粒出现了明显的团聚现象；由图 3-1 （b）（c）（g）和（h）看出，SiC 颗粒在复合材料中基本分布均匀，略有颗粒团聚。从图

3-1（d）和（e）看出，SiC 颗粒分布更加均匀。SiC 颗粒尺寸越细小越容易形成颗粒簇[1]。

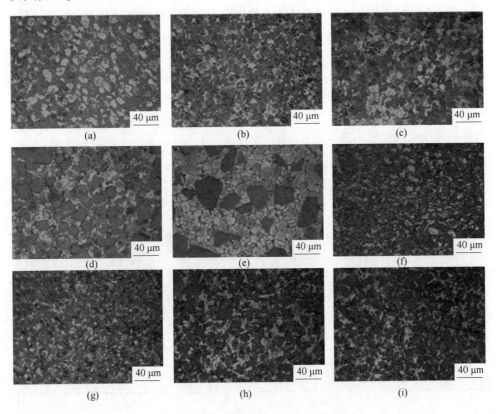

图 3-1　SiCp/Al 复合材料的金相组织

（a）30%SiCp(3 μm)/Al；（b）30%SiCp(8 μm)/Al；（c）30%SiCp(15 μm)/Al；

（d）30%SiCp(25 μm)/Al；（e）30%SiCp(40 μm)/Al；（f）35%SiCp(3 μm)/Al；

（g）35%SiCp(8 μm)/Al；（h）35%SiCp(15 μm)/Al；（i）40%SiCp(15 μm)/Al

Slipenyuk[2]认为，增强体在基体中的体积分数有一个临界值，仅当小于临界值时，增强体在基体中分布均匀。计算增强体在复合材料中的临界体积分数的公式如下：

$$W_{crit} = \alpha \frac{x_{SiC}}{x_{Al} + x_{SiC}}$$

$$= \alpha \left\{ 1 - \left[1 + \left(\frac{d}{D} \right)^3 + \left(\frac{2}{\sqrt{\lambda}} + \lambda \right) \left(\frac{d}{D} \right)^2 + \left(\frac{1}{\lambda} + 2\sqrt{\lambda} \right) \frac{d}{D} \right]^{-1} \right\} \quad (3\text{-}1)$$

式中，W_{crit} 为 SiC 颗粒在基体中均匀分布时 SiC 颗粒的临界体积分数；x_{SiC}、x_{Al}

分别为 SiC 与 Al 在复合材料中的体积分数；d/D 为 SiC 颗粒与基体颗粒平均粒径比值；λ 为挤压比；α 为一个常量，给出值为 0.18[2]。

表 3-1 为增强体 SiC 颗粒在基体中均匀分布时增强体的临界体积分数计算值。由表 3-1 可见，3 μm 和 8 μm SiC 颗粒增强复合材料的临界体积分数分别为 9.8% 和 14.9%，和实际体积分数 30%~40% 差距很大，临界体积分数值受 α 取值影响较大。结合试验观察和 Slipenyuk 的方法，可以发现颗粒分布的均匀性明显受到增强体 SiC 颗粒和基体粉末颗粒尺寸比（d/D）的影响，d/D 越大，临界体积分数越大，SiC 颗粒分布越均匀，与图 3-1 所示随着 SiC 颗粒增大增强体在基体中的分布越均匀的规律一致[1]。

表 3-1 复合材料 SiC 颗粒在基体中均匀分布时的临界体积分数

SiC 颗粒尺寸 d /μm	颗粒尺寸比 (PSR) d/D	SiC 含量 W (体积分数)/%	临界 SiC 含量 W_{crit} (体积分数)/%	SiC 含量超量程度 ($W-W_{crit}$) (体积分数)/%
3	0.3	30	9.8	20.2
8	0.8	30	14.9	15.1
15	1.5	30	16.8	13.2
25	2.5	30	17.5	12.5
40	4.0	30	17.9	12.1

3.2.2 复合材料的显微组织

图 3-2 为不同 SiCp 尺寸和体积分数的 SiCp/Al 复合材料在 1500 倍下的显微组织。除明显的 SiC 和铝基体外，在 SiC 颗粒尖角处和基体中存在白色颗粒。图 3-2（a）（b）和（e）中，在 SiCp 尖角和聚集处可观察到孔洞存在。3 μm 和 8 μm SiCp 增强铝基复合材料在微观形貌中未见有 SiCp 碎裂的现象，如图 3-2（a）（b）（f）和（g）所示；在 15 μm SiCp 增强复合材料中只有少数较大尺寸的 SiCp 发生断裂，如图 3-2（i）所示；在 25 μm 和 40 μm SiCp 增强材料中有较多 SiCp 发生开裂和断裂，如图 3-2（d）和（e）所示。试验结果表明，随 SiCp 尺寸的增大，SiCp 碎裂的比例增大[1]。图 3-2（i）界面处孔洞较多且结合差，随着 SiCp 体积分数增大到 40%，制备难度加大。

图 3-3（a）为复合材料的扫描电镜图，图 3-3（b）为对应图 3-3（a）中白色颗粒的 EDS 谱图。EDS 分析显示，基体中大部分白色颗粒为 Al-Cu 合金相，褐色基体中主要是 α-Al。

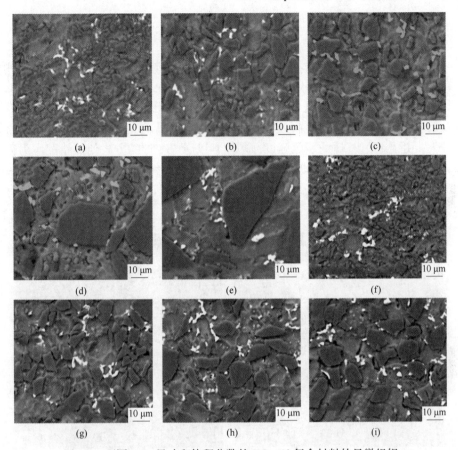

图 3-2 不同 SiCp 尺寸和体积分数的 SiCp/Al 复合材料的显微组织

(a) 30%SiCp(3 μm)/Al; (b) 30%SiCp(8 μm)/Al; (c) 30%SiCp(15 μm)/Al;
(d) 30%SiCp(25 μm)/Al; (e) 30%SiCp(40 μm)/Al; (f) 35%SiCp(3 μm)/Al;
(g) 35%SiCp(8 μm)/Al; (h) 35%SiCp(15 μm)/Al; (i) 40%SiCp(15 μm)/Al

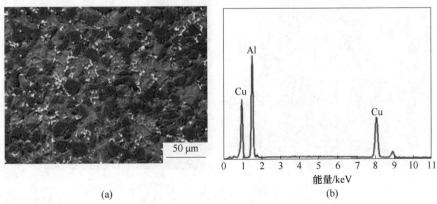

图 3-3 复合材料的 SEM 图和不同区域的 EDS 谱图

(a) SEM 图; (b) 图中白色颗粒的 EDS 谱图

3.2.3　界面及位错形态

　　SiCp/Al复合材料中SiC颗粒与铝基体间的界面状态对性能有很重要的影响,复合材料中好的界面结合将能最大程度传递载荷,充分发挥增强体SiC颗粒的承载载荷能力,更好地提高复合材料的力学性能。由于Al基体与SiC颗粒热膨胀系数的差异,基体与颗粒界面处容易产生较大的热错配应力,热错配应力通常都比较大,并且超过基体的屈服强度,基体常以屈服变形的方式使热错配应力得以部分松弛,这样就会在近界面区的基体中产生高密度的位错。图3-4是SiCp(3 μm)/Al复合材料界面处的TEM照片,显示出界面处的结合情况、位错分布和晶粒形貌。

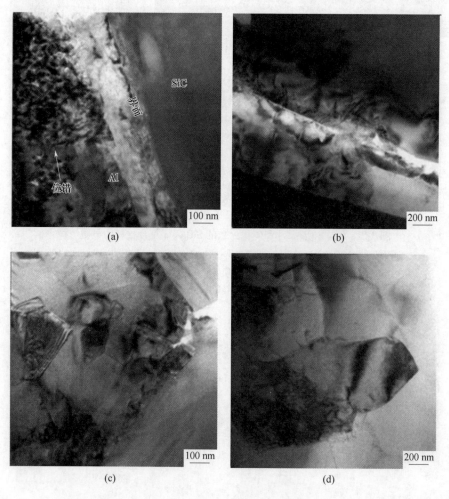

图3-4　SiCp(3 μm)/Al复合材料界面处和基体中的TEM照片
(a)界面和位错分布;(b)界面;(c)SiC颗粒近邻处;(d)远离SiC颗粒处

SiC 和 Al 基体的界面干净、平直，不存在界面反应物。从图 3-4（a）中可以看出，SiC 颗粒旁边存在高密度的位错；图 3-4（b）是 SiCp(3 μm)/Al 复合材料中很近的两个 SiC 颗粒间的组织，600 nm 宽的狭窄的两个 SiC 颗粒间仍然充满了铝基体，SiC 和 Al 基体界面处无孔洞、结合良好，存在位错和细小亚晶；图 3-4（c）为 SiC 颗粒附近亚晶形貌，由图可见其尺寸较小，为 300~600 nm；图 3-4（d）显示在远离 SiC 颗粒处基体中的亚晶形貌，晶粒尺寸较大，为 800~1500 nm。图 3-5 为 SiCp(15 μm)/Al 复合材料的 TEM 照片，从图 3-5（a）和（b）可以看出，SiC 和 Al 基体的界面干净、平直、无孔洞，结合良好，颗粒附近存在高密度的位错；图 3-5（c）显示在颗粒附近晶粒细小，为 600~1200 nm，而在远离 SiC 颗粒的基体中亚晶较大，如图 3-5（d）所示。由以上分析可知，当复合材料中 SiC 颗粒尺寸增大时，附近的位错密度减小，基体中的晶粒尺寸增大。

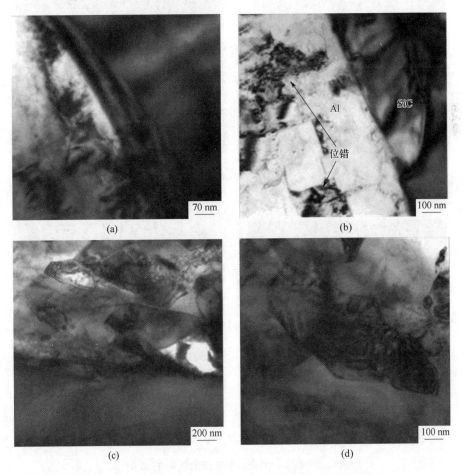

图 3-5　SiCp(15 μm)/Al 复合材料界面处和基体中的 TEM 图片
（a）界面和位错分布；（b）界面和位错分布；（c）SiC 颗粒附近的亚晶晶粒；（d）远离 SiC 颗粒处

3.2.4　析出相的特点

　　图 3-6 为 SiCp/Al 复合材料经 T6 热处理后界面附近的 TEM 照片。图 3-6（a）为靠近 SiC 颗粒和基体界面区析出相的 TEM 照片，由图可以看到在 SiC/Al 界面附近及基体中的析出相。如图 3-6（b）所示，普遍存在大量盘片状析出相，尺寸为 50~200 nm，弥散分布在基体中，选区电子衍射花样及标定如图 3-6（c）所示，标定结果与正方相 Al_2Cu 晶体结构一致，因此确定盘片状析出相为 Al_2Cu。由图 3-6（d）可看到，时效初始阶段基体中析出相与位错交错分布，弥散析出相对位错有钉扎作用。

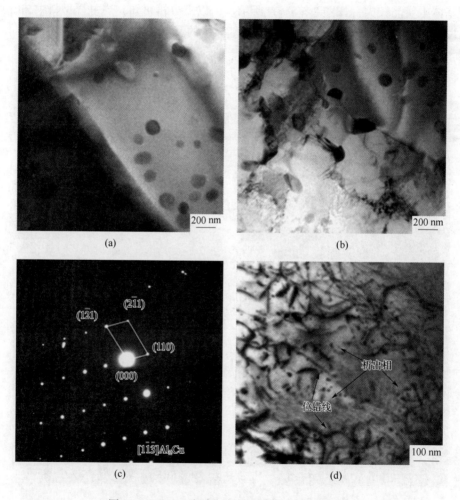

图 3-6　SiCp/Al 复合材料界面附近的 TEM 照片
（a）SiC 附近的析出相；（b）基体中的析出相；（c）图（b）中析出相的衍射花样和标定结果；
（d）基体中交互分布的析出相与位错形貌

图 3-7 为 SiCp/Al 复合材料析出相的 TEM 照片, 在此区域内显示基体合金中存在另一种形态的针棒状时效析出相, 弥散分布在基体中, 尺寸为 300~400 nm, 如图 3-7 (b) 所示。图 3-7 (c) 为这种针棒状析出相的衍射斑点及相应的标定结果, 表明此析出相为 Al_2CuMg (正交晶系, 点阵常数 $a = 0.4000$ nm, $b = 0.9250$ nm, $c = 0.7150$ nm)。图 3-7 (d) 为基体中针棒状 Al_2CuMg 相与位错分布情况。当复合材料受力发生变形时, 弥散分布于基体中的时效析出相 Al_2CuMg 将会阻碍位错运动起到析出强化的作用。

本书采用 2024Al 作为复合材料的基体, 时效析出相与 Cu 和 Mg 的质量比相

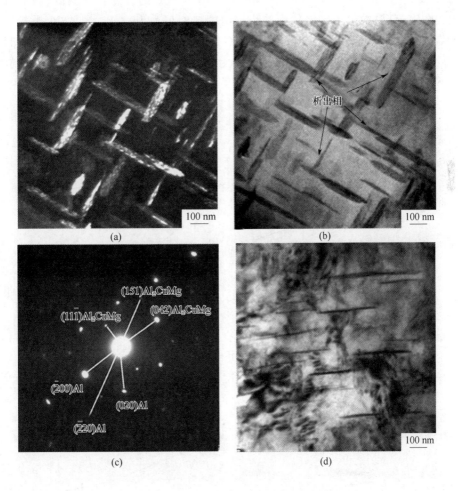

图 3-7 SiCp/Al 复合材料析出相的 TEM 照片
(a) 基体中的析出相暗场照片; (b) 析出相明场照片;
(c) 图 (b) 中析出相对应衍射花样及标定结果;
(d) 析出相与位错的交互作用

关，$m(\text{Cu}):m(\text{Mg})>2.6$ 时，形成 θ+S 相。本书中，2024Al 合金基体中 $m(\text{Cu}):$ $m(\text{Mg})$ 约为 3.3，因此试验中主要强化相是 S 相（Al_2CuMg）和 θ 相（Al_2Cu）。

3.3　SiC 颗粒对复合材料力学性能的影响

3.3.1　SiC 颗粒尺寸及体积分数对复合材料力学性能的影响

图 3-8 为复合材料抗拉强度和硬度随 SiC 颗粒尺寸和体积分数变化的情况。由图 3-8（a）和（b）知，SiC 颗粒体积分数为 30%时，复合材料的抗拉强度、硬度随着 SiC 颗粒尺寸的增加而减小；由图 3-8（c）和（d）知，SiC 颗粒体积分数为 35%时，复合材料的硬度随着 SiC 颗粒尺寸的增加而减小，而复合材料的抗拉强度在 SiC 颗粒尺寸为 8 μm 时最大；由图 3-8（e）和（f）知，SiC 颗粒体积分数增加，复合材料的抗拉强度和硬度小幅增大。

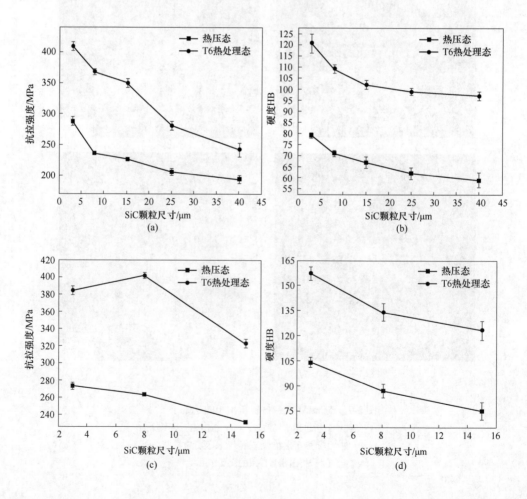

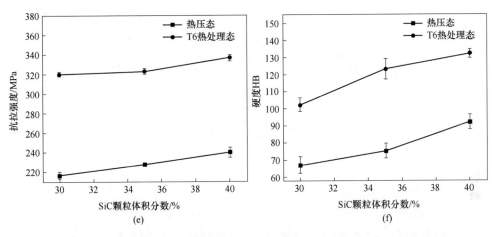

图 3-8 复合材料抗拉强度和硬度随 SiC 颗粒尺寸和体积分数变化的情况
(a)（b）30%SiCp/Al;（c）（d）35%SiCp/Al;（e）（f）SiCp(15 μm)/Al

表 3-2 给出了未添加 SiC 颗粒时基体 2024Al 合金和 9 种添加不同 SiC 颗粒后制备的热压态 SiCp/Al 复合材料的抗拉强度、硬度、伸长率和密度等试验数据。从表 3-2 可以看出，SiCp/Al 复合材料的伸长率随着增强体 SiC 颗粒尺寸的增加而增加，会随着增强体 SiC 颗粒体积分数的增加而减小；复合材料的相对密度和 d/D 相关，d/D 越接近 1，致密度相对较高；复合材料的抗拉强度均大于基体铝合金的抗拉强度，复合材料的塑性均较基体大幅度降低。也存在一些例外的情况，当 SiC 颗粒尺寸增加到 40 μm 时，复合材料的伸长率较 25 μm 时下降；当 SiC 颗粒体积分数为 35%、SiC 颗粒尺寸为 3 μm、复合材料的抗拉强度较颗粒尺寸为 8 μm 时，制备的 SiCp/Al 复合材料的抗拉强度要低。

表 3-2 热压态 SiCp/Al 复合材料的力学性能

样品编号	材料	σ_b/MPa	硬度（HB）	δ/%	ρ_r/%
	2024Al 合金	166	34	24.3	
MMC6	30%SiCp(3 μm)/Al	288	79	3.46	99.1
MMC7	30%SiCp(8 μm)/Al	235	71	4.14	99.7
MMC8	30%SiCp(15 μm)/Al	227	67	4.58	99.8
MMC9	30%SiCp(25 μm)/Al	206	62	5.73	99.5
MMC10	30%SiCp(40 μm)/Al	194	59	5.61	99.4
MMC11	35%SiCp(3 μm)/Al	273	104	1.97	98.5
MMC12	35%SiCp(8 μm)/Al	263	87	2.83	99.1

样品编号	材料	σ_b/MPa	硬度（HB）	δ/%	ρ_r/%
MMC13	35%SiCp(15 μm)/Al	232	75	3.44	99.3
MMC14	40%SiCp(15 μm)/Al	240	92	1.23	98.9

表 3-3 给出了未添加 SiC 颗粒时基体 2024Al 合金和 9 种 SiCp/Al 复合材料经过 T6 热处理后的抗拉强度、屈服强度、硬度、伸长率和弹性模量等的测量值。从表 3-3 可以看出，热处理后复合材料态的抗拉强度和硬度较热压态大幅增加，而伸长率较热压态大幅减小；除个别情况外，SiCp/Al 复合材料的屈服强度基本上会随着 SiC 颗粒尺寸的变小而增加，随 SiC 颗粒体积分数的增加而增大；当 SiC 颗粒尺寸减小或增加 SiC 颗粒体积分数时，SiCp/Al 复合材料的弹性模量增加。40%SiCp(15 μm)/Al 复合材料的伸长率最低（0.75%），只有 Al 合金伸长率的近 1/19。

表 3-3 热处理态 SiCp/Al 复合材料的力学性能

样品编号	材料	σ_b/MPa	$\sigma_{0.2}$/MPa	硬度（HBS）	δ/%	E/GPa
	2024Al 合金	320	185	63	14.49	71.2
MMC6	30%SiCp(3 μm)/Al	409	364	121	2.81	219.7
MMC7	30%SiCp(8 μm)/Al	367	316	109	3.27	194.6
MMC8	30%SiCp(15 μm)/Al	350	303	102	3.53	170.2
MMC9	30%SiCp(25 μm)/Al	280	247	99	4.26	126.9
MMC10	30%SiCp(40 μm)/Al	242	205	97	4.41	120.3
MMC11	35%SiCp(3 μm)/Al	385	352	157	1.47	208.7
MMC12	35%SiCp(8 μm)/Al	402	369	134	1.83	215.3
MMC13	35%SiCp(15 μm)/Al	323	291	123	1.94	188.2
MMC14	40%SiCp(15 μm)/Al	337	311	132	0.75	190.9

3.3.2 断裂行为

SiCp/Al 复合材料的断裂行为主要表现为沿着基体与增强相颗粒界面的脱黏和断裂、增强颗粒的脆性或解理断裂和基体中孔洞引起的塑性损伤破坏，复合材料的断裂行为起源于裂纹的萌生和长大，微裂纹出现与颗粒开裂、基体-增强体界面结合弱及基体中的夹杂物等有关。图 3-9 为 SiCp/Al 复合材料在拉伸断裂后的断口组织形貌。图 3-9（a）和（f）是 3 μm SiCp 增强复合材料的拉伸断口形貌，可看到断口表面存在大量的撕裂棱和少量韧窝，直接观察到的碳化硅较少；在添加 8 μm SiCp 和 15 μm SiCp 增强的 SiCp/Al 复合材料拉伸断口中，如图 3-9（b）（c）（g）和（h）所示，既有 SiCp 的断裂，同时也有在界面处基体合金撕裂，其断裂方式是界面处的基体合金撕裂和 SiCp 断裂共同作用；40 μm 大颗粒 SiC 增强的 SiCp/Al 复合材料呈现脆性断裂特征，SiC 颗粒的解理断裂比较严重，如图 3-9（e）所示。从图 3-9（e）中可以看出，SiC 颗粒尺寸越小，复合材料断口处观察到 SiC 颗粒解理断裂越少，撕裂棱越多。

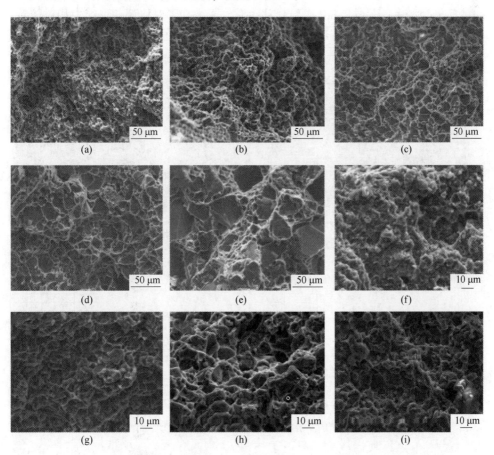

图 3-9　SiCp /Al 复合材料的断口形貌

（a）30%SiCp(3 μm)/Al；（b）30%SiCp(8 μm)/Al；（c）30%SiCp(15 μm)/Al；
（d）30%SiCp(25 μm)/Al；（e）30%SiCp(40 μm)/Al；（f）35%SiCp(3 μm)/Al；
（g）35%SiCp(8 μm)/Al；（h）35%SiCp(15 μm)/Al；（i）40%SiCp(15 μm)/Al

图 3-10（a）是 SiCp(3 μm)/Al 复合材料断口形貌，总体看像是脆性断裂，

但 SiC 颗粒以解理断面形式直接出现在断面上不多, EDS 能谱分析发现断面上 Al 元素含量很高, 如图 3-10 (c) 所示, 说明断面上的 SiC 颗粒表面包裹有 Al 合金基体, 其主要断裂方式为铝基体开裂和界面处撕裂, 基体撕裂说明 SiC 颗粒与基体结合很好。图 3-10 (b) 是 SiCp(40 μm)/Al 复合材料的断口形貌, 从图中可以看到许多颗粒断裂面, 基体撕裂棱上的小韧窝较少, SiC 颗粒断面部分能谱分析如图 3-10 (d) 所示, 结果表明, SiC 颗粒表面基本看不到 Al 元素, 表明复合材料的断裂方式为 SiC 颗粒发生解理开裂而非界面脱黏; SiC 颗粒尺寸越大, 其内部可能含有的缺陷就越多, SiC 颗粒越大, 总体数量减少, 单个 SiC 颗粒承受的载荷也会增大; 另外, SiC 颗粒尺寸大时, 受力变形时协调变形能力相对较差, 尤其是在颗粒尖角处容易形成应力集中, 这些地方成为颗粒断裂的优先发生之处。

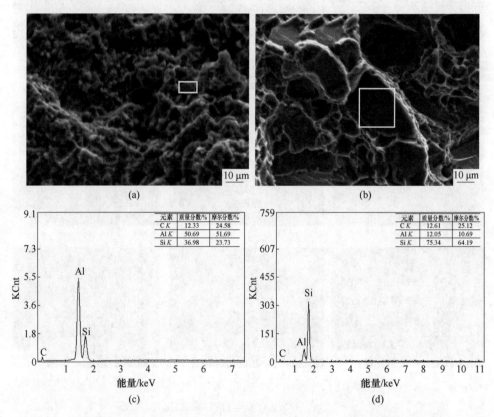

图 3-10 SiC 颗粒尺寸为 3 μm 和 40 μm 时 SiCp/Al 复合材料的断口形貌及能谱图

(a) SiCp(3 μm)/Al 复合材料的断口形貌; (b) SiCp(40 μm)/Al 复合材料的断口形貌;
(c) 对应 (a) 图中方框处的能谱图; (c) 对应 (b) 图中方框处的能谱图

SiCp/Al 复合材料的断裂形式与 SiC 颗粒强度、基体强度, 以及 SiC 与基体界面结合强度都有关系。从界面处基体的撕裂及 SiC 颗粒的断裂两方面都说明了所制备的复合材料界面结合强度高，SiC 颗粒的断裂强度与颗粒的尺寸成反比关系，小颗粒界面面积较小，小的 SiC 颗粒自身缺陷也比较少，总体不易产生断裂，并且小颗粒变形协调能力强，还可阻止裂纹的扩展，整体强化效果较好，复合材料所受的载荷能够通过界面有效地传递到 SiC 颗粒上；大颗粒则在拉伸过程中由于自身缺陷多，以及容易在尖角处因应力集中而优先断裂，强化效果较差。

3.4 SiCp/Al 复合材料的强化机制

颗粒增强金属基复合材料的强化作用来源于加入增强相颗粒后可以让弹性模量高的增强体承担更多的载荷，同时加入增强相颗粒间接改变了金属基体的微观组织而导致强化。对于 SiCp/2024Al 复合材料而言，强化机制可以归纳为微观力学强化机制和微观结构强化机制，或称为直接强化机制和间接强化机制。前述实验测试结果表明，SiCp/Al 复合材料的强化和硬化效应随着颗粒尺寸的减小而增强，存在着明显的颗粒尺寸效应，为了能够较好地解释 SiCp/Al 复合材料中的颗粒尺寸强化效应，采用微观力学强化模型介绍剪切延滞模型。微观结构强化模型主要介绍位错强化模型、Orowan 强化模型、晶粒细化强化模型、加工硬化强化模型及沉淀强化模型等。

3.4.1 微观力学强化

对于试验 SiCp/Al 复合材料来说，微观力学强化是指增强体 SiC 颗粒加入基体之后，承受从基体传递来的载荷引起的强化。载荷传递机制是微米级 SiCp/Al 复合材料的主要强化方式，剪切滞后模型是根据载荷在基体与增强体界面上传递的机制建立的。Nardone 和 Prewo[3] 改进后的剪切滞后模型考虑了载荷从基体传递到颗粒过程中的主拉伸应力和剪切力。试验制备的 SiCp/Al 复合材料的界面结合良好，界面能有效地把载荷传递到增强体，增强体 SiC 通过载荷传递引起的强化效应可根据修正的剪切滞后模型计算，屈服强度的具体表达式为：

$$\sigma_c = \sigma_m \left[\frac{x_p(s+4)}{4} + x_m \right] \tag{3-2}$$

式中，σ_c、σ_m 分别为 SiCp/Al 复合材料和基体的屈服强度；x_p、x_m 分别为 SiC 颗粒和 2024Al 基体的体积分数；s 为 SiC 颗粒的长径比。

3.4.2 微观结构强化

3.4.2.1 Orowan 强化机制

当位错在运动过程中遇到 SiC 颗粒难以切割而绕过时，会增加基体的变形抗力，提高复合材料的强度，这就是 Orowan 强化机制。假设 SiC 颗粒为等轴粒子，SiC 颗粒阻碍位错运动引起的强度增量 $\Delta\sigma_{or}$ 可以表示为[4]：

$$\Delta\sigma_{or} = 2Gb/\lambda \tag{3-3}$$

式中，G 为 Al 基体的切变模量，取值 2.64×10^4 MPa；b 为柏氏矢量，取值 0.286 nm。

$$\lambda = 0.6d_p \left(\frac{2\pi}{x_p}\right)^{1/2} \tag{3-4}$$

式中，d_p 为增强颗粒直径；x_p 为增强体体积分数。

图 3-11 为不同 SiC 颗粒体积分数的 SiCp/Al 复合材料中，Orowan 强化导致的强度增量随着 SiC 颗粒尺寸的变化。Orowan 强化机制的贡献较小，当增强体颗粒大于 10 μm 时，强度增量几乎为零。这说明，Orowan 强化机制对微米级颗粒增强金属基复合材料不适用。

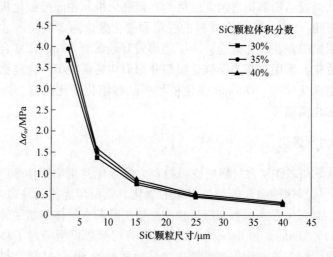

图 3-11 SiCp/Al 复合材料中 Orowan 强化机制引起的强度增量随 SiC 颗粒尺寸的变化

3.4.2.2 位错强化

SiC 加入使得复合材料基体合金中，由于 SiC 颗粒与基体合金的热膨胀系数错配（CTE mismatch）产生大量几何必须位错，这些新增的几何必须位错导致基体强度增大。此部分强化增量 $\Delta\sigma_{dis}$ 主要是由于 SiC 颗粒与铝合金基体之间热错配差而产生的位错密度引起，可以用式（3-5）表示。

$$\Delta\rho = \frac{12\Delta\alpha\Delta T x_p}{bd} \tag{3-5}$$

式中，x_p 为 SiC 颗粒的体积分数；ΔT 为热压烧结温度与室温之差；$\Delta\alpha$ 为 SiCp 与

Al 之间热膨胀系数的差；b 为 Burgers 矢量模；α 为位错强化系数，对于 SiCp/Al 复合材料取 1.4；d 为 SiC 颗粒的直径。

$$\Delta\sigma_{dis} = \alpha Gb\sqrt{\Delta\rho} \tag{3-6}$$

图 3-12 为对于含有不同 SiC 颗粒体积分数的 SiCp/Al 复合材料，其基体由于位错强化导致的强度增量随着 SiC 颗粒尺寸的变化规律。由图可知，随着 SiCp 尺寸减小，复合材料的强度增加。

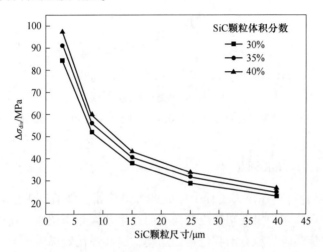

图 3-12 SiCp/Al 复合材料中位错强化机制引起的强度增量随 SiC 颗粒尺寸的变化

3.4.2.3 细晶强化机制

SiC 颗粒分布在基体中会引起亚晶粒尺寸的减小，细化晶粒或亚晶会阻碍位错的运动，从而达到晶界强化作用。

由 Hall-Petch 公式[5]，细晶强化引起的强度增量为：

$$D = d_p\left(\frac{1 - x_p}{x_p}\right)^{1/3} \tag{3-7}$$

式中，D 为晶粒直径。

$$\Delta\sigma_g = KD^{-1/2} \tag{3-8}$$

式中，K 为常数，对于 Al 取 0.1 MN/m$^{3/2}$。

图 3-13 为 SiCp/Al 复合材料中细晶强化引起的强度增量随 SiC 颗粒尺寸和体积分数的变化，可见细晶强化引起的强度增量均随着 SiC 颗粒尺寸的增加而减小。这是因为 SiC 颗粒尺寸对再结晶晶粒尺寸有明显影响，SiC 颗粒尺寸越小，再结晶晶粒尺寸越小。位错强化和细晶强化引起的强度增量相对较大，在微米级颗粒增强金属基复合材料中发挥主要作用。

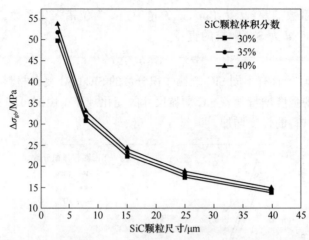

图 3-13 SiCp/Al 复合材料中细晶强化引起的强度增量随 SiC 颗粒尺寸的变化

3.4.2.4 加工硬化强化

SiCp/Al 复合材料在淬火过程中形成的大量位错，随着变形过程的进行，由于几何错配导致基体中出现塑性应变梯度而产生几何必须位错，这些几何错配引起的几何必须位错阻挡原有滑移位错的运动，引起强化效果为[6]：

$$\Delta\sigma_{wh} = KG\left(\frac{x_p b}{d}\right)^{1/2}\varepsilon_{pl}^{1/2} \qquad (3-9)$$

式中，ε_{pl} 为基体中的塑性应变；K 为材料常数，介于 0.2~0.4 之间。

图 3-14 为 SiCp/Al 复合材料中加工硬化强化引起的强度增量随 SiC 颗粒尺寸和体积分数的变化情况，由图可见强度增量随着 SiC 颗粒尺寸的增大而减小。

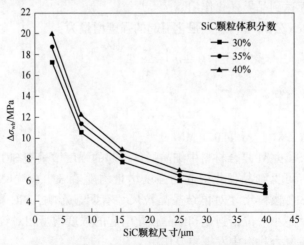

图 3-14 SiCp/Al 复合材料中加工硬化强化引起的强度增量随 SiC 颗粒尺寸的变化

3.4.2.5 沉淀强化机制

复合材料中沉淀相的存在会阻碍位错运动引起强化，沉淀强化分为有序强化、弥散强化、堆垛层错强化和模量强化等，位错切过或绕过沉淀相时所需力和它们的密度影响最终强化效果。Starink 等人[7]曾经详细研究了不同时效阶段（如 GPB 区强化和 S' 相强化等）的不同，并推导出相应模型和计算公式。Song[8]给出有序强化（σ_1）、共格强化（σ_2）、模量强化（σ_3）的表达式分别为[9]：

$$\Delta\sigma_1 = \frac{M\gamma 3\pi^2\gamma fr}{2b\ 16Gb^2} \tag{3-10}$$

式中，M 为 Taylor 常数，取值 3.06；f 为沉淀相的体积分数；r 为沉淀相的尺寸（盘片状沉淀相的半径，棒针状的半长度）；γ 为沉淀相与基体之间的界面能。

$$\Delta\sigma_2 = 2.6M(\varepsilon G)^{3/2}[2fr/(Gb)]^{1/2} \tag{3-11}$$

式中，ε 为无量纲参数，$\varepsilon = L\Delta a/(3a)$；$a$ 为晶面间距。

$$\Delta\sigma_3 = 0.0055M(\Delta G)^{3/2}[2f/(Gb^2)]b(r/b)^{0.275} \tag{3-12}$$

式中，ΔG 为增强体与基体之间剪切模量的差。

综合考虑沉淀相引起的强化可以表示为：

$$\Delta\sigma_{pre} = \Delta\sigma_1 + \Delta\sigma_2 + \Delta\sigma_3 \tag{3-13}$$

3.4.3 综合强化模型的建立

SiC 颗粒增强铝基复合材料的强化是由多种强化机制协同作用的结果。在时效态复合材料中，对其强化效果的贡献主要包括：载荷传递机制，SiC 颗粒阻碍位错运动引起的强度增量 $\Delta\sigma_{OR}$，热错配强化引起的强度增量 $\Delta\sigma_{dis}$，细晶强化引起的强度增量 $\Delta\sigma_{grain}$，沉淀相阻碍位错运动引起的强度增量 $\Delta\sigma_{pre}$，加工硬化引起的强度增量 $\Delta\sigma_{wh}$。将它们叠加起来，便可得到时效态复合材料的强度量化模型为：

$$\sigma_c = (\sigma_{Al} + \Delta\sigma_{dis} + \Delta\sigma_{gr} + \Delta\sigma_{pre} + \Delta\sigma_{wh})\left[\frac{x_p(s+4)}{4} + x_m\right] + \Delta\sigma_{OR} \tag{3-14}$$

当然，复合材料的强度增加不会是这些强化增量的简单叠加，应该是这些因素协同作用的结果。在实际制备的复合材料中，材料中的界面、缺陷及由于分布不均匀等导致材料的局部特性差别较大，材料的这些局部异常特性会产生急剧变化的结果，也可能会同时影响多个强化机制。因此，利用此模型准确描述强度的具体增量是很困难的。但是，说明 SiC 颗粒尺寸大小和体积分数对 SiCp/Al 复合材料强度变化的影响规律还是合理可行的。从强化增量来看，基本都是随着 SiC 颗粒尺寸的减小和体积分数的增加，复合材料的强度增强，与实验结果相比较，对于 30%SiCp/Al 复合材料 SiC 颗粒尺寸对复合材料的影响规律是一致的，对于 SiC 颗粒尺寸为 15 μm、体积分数为 30%~40% 的 SiCp/Al 复合材料也比较符合。对于 35%SiCp(3 μm)/Al 和 40%SiCp(15 μm)/Al 复合材料出现的强度相对减小，和其 SiC 颗粒团聚增多、复合材料致密度下降、缺陷增多有关。

3.5　复合材料力学性能的工程意义

未来惯性仪表结构材料要求高比强度、高比模量、耐磨、热膨胀系数可设计、导热及尺寸稳定性好、各向同性和可热处理强化等优越性能，本书的中等体积分数 SiC/Al 复合材料密度低（2.90~2.96 kg/cm³），且抗拉强度和弹性模量大，导致其比强度和比模量高。图 3-15 为实验制备的 SiCp/Al 复合材料的比强度和比模量，可以看到 30%SiCp(3 μm)/Al、30%SiCp(8 μm)/Al、35%SiCp (3 μm)/Al、35% SiCp (8 μm)/Al 的比强度都超过 120 N·m/kg，比模量都大于 60 GPa/(kg/m³)。与几种常见的惯性器件材料铍材、LY12 和 GCr15 相比，铍材具有最高的比强度和比模量，但铍材存在毒、贵、脆的缺点，本书的 SiCp/Al 复合材料比模量是铝合金和轴承钢的 2~3 倍（铝合金和轴承钢的比模量分别为 25.2 m 和 25.6 m）。SiC/Al 复合材料高的比模量和比强度有助于减小构件在外力下的形变，提高尺寸稳定性，拓宽惯导系统向高精度小型化发展。

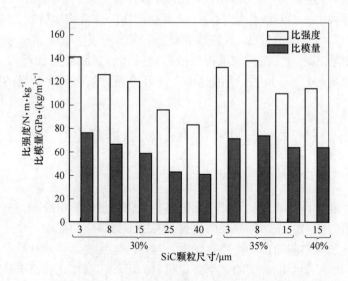

图 3-15　SiCp/Al 复合材料的比强度和比模量

参 考 文 献

[1] 郝世明, 谢敬佩, 王行, 等. 微米级 SiC 颗粒对铝基复合材料拉伸性能与强化机制的影响 [J]. 材料热处理学报, 2014, 35 (2): 13-18.

[2] SLIPENYUK A, KUPRIN V, MILMAN Y, et al. Properties of P/M processed particle reinforced metal matrix composites specified by reinforcement concentration and matrix-to-reinforcement particle size ratio [J]. Acta Materialia, 2006, 54 (1): 157-166.

[3] NARDONE V C, PREWO K M. On the strength of discontinuous silicon carbide reinforced aluminum composites [J]. Scripta Metallurgica, 1986, 20 (1): 43-48.

[4] MILLER W S, HUMPHREYS F J. Strengthening mechanisms in particulate metal matrix composites [J]. Scripta Metallurgica et Materialia, 1991, 25 (1): 33-38.

[5] RIBES H, DA SILVA R, SUERY M, et al. Effect of interfacial oxide layer in Al-SiC particle composites on bond strength and mechanical behavior [J]. Materials Science and Technology, 1990, 6 (7): 621-628.

[6] ASHBY M F. Work hardening of dispersion-hardened crystals [J]. Philosophical Magazine, 1966, 14 (132): 1157-1178.

[7] STARINK M J, WANG P, SINCLAIR I, et al. Microstrucure and strengthening of Al-Li-Cu-Mg alloys and MMCs: II. Modelling of yield strength [J]. Acta Materialia, 1999, 47 (14): 3855-3868.

[8] SONG M I N, LI X I A, CHEN K H. Modeling the age-hardening behavior of SiC/Al metal matrix composites [J]. Metallurgical and Materials Transactions A, 2007, 38 (3): 638-648.

[9] KANNO Y. Properties of SiC, Si_3N_4 and SiO_2 ceramic powders produced by vibration ball milling [J]. Powder Technology, 1985, 44 (1): 93-97.

4 SiCp/Al 复合材料的界面结构研究

4.1 引　言

对于粉末冶金法制备的 SiCp/Al 复合材料来说，SiC 与 Al 之间的界面结合状况是影响 SiCp/Al 复合材料力学性能的重要因素。复合材料的界面结合情况影响载荷传递效果，此外良好的界面能起到调节局部的应力、阻止断裂过程中的裂纹扩展等功效。影响基体和 SiC 颗粒之间界面情况的因素很多，比如基体合金成分、增强体 SiC 颗粒的表面成分、SiC 颗粒的晶型结构、复合材料的制备和热处理工艺等，由于界面自身的复杂性和外在因素的影响，目前对界面的认识缺乏系统性，而且不够深刻。

2024Al 基体中多种合金元素在真空热压烧结过程中受热应力耦合作用，能形成许多不同种类的粗大合金相颗粒，这些粗大合金相颗粒大多对复合材料的整体性能不利。通过合理的热处理能显著提高复合材料的性能，因为经热处理后纳米析出相弥散分布于基体中，能有效阻止位错运动。因此深入了解复合材料中纳米析出相颗粒的微观结构及其在时效过程中结构的演变规律，具有非常重要的理论和实际意义。

本章介绍通过扫描电镜（SEM）、透射电镜（TEM）、能谱（EDS）、高分辨透射电镜（HRTEM）等微观分析方法，重点研究粉末冶金法制备的 35%（体积分数）SiCp(8 μm)/2024Al 基复合材料中 SiC 和 Al 基体的界面结构、界面类型及各类界面形成机制，热处理过程中析出相的微观结构类型及演变规律，为 SiCp/Al 复合材料的性能提升与设计提供理论依据和技术支撑。

4.2 SiC 和基体的界面

4.2.1 复合材料中 SiC/Al 界面形貌

图 4-1 为几种常见 SiCp/Al 复合材料的 SiC 颗粒和 Al 基体的典型界面 TEM 图，它们的共同特征是 SiCp/Al 界面清晰平滑，未观察到 SiC 颗粒溶解，也无明显的界面反应物如 Al_4C_3 颗粒，界面处和基体中均无空洞缺陷。图 4-1（a）和（b）为热处理态复合材料界面图，界面附近基体中位错少，基体中有析出相；图 4-1

（c）和（d）为热压态复合材料界面图，邻近 SiC 颗粒的基体中明显存在位错。

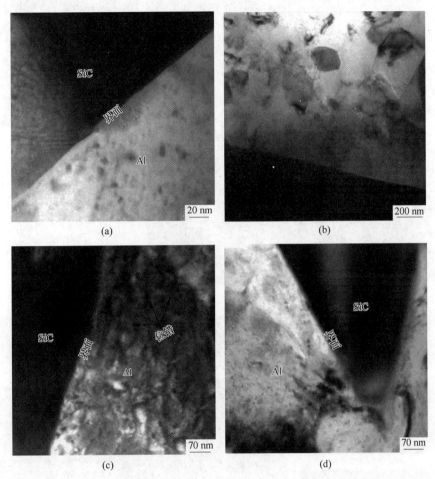

图 4-1 SiCp/Al 复合材料的 TEM 图

（a）（b）热处理态复合材料界面；（c）（d）热压态复合材料界面

4.2.2 SiC/Al 间的界面结构及晶体学位向关系

4.2.2.1 干净界面

图 4-2（a）为实验中观察到的一个 SiC/Al 干净界面高分辨率电镜图，SiC 和 Al 排列紧密，结合非常好。界面处选区电子衍射（SAED）分析得到了 SiC 和 Al 两相的复合斑点如图 4-2（b）所示，复合斑点标定结果如图 4-2（c）所示，表明有以下晶体学位向关系存在于试验的 SiC 颗粒和基体 Al 之间：

$$[1\bar{2}10]SiC \parallel [001]Al, \quad (10\bar{1}3)SiC \parallel (020)Al$$

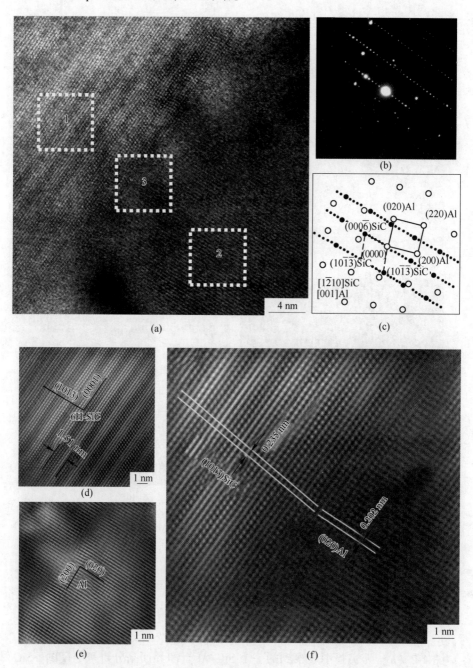

图 4-2　SiC/Al 干净界面的高分辨率电子图及电子衍射花样（一）

（a）高分辨率图；（b）（c）电子衍射花样；（d）~（f）图（a）中区域 1~3 的反傅里叶变换图

利用 DigitalMicrograph 软件对图 4-2（a）SiC/Al 高分辨率图中方框区域 1~3

进行去噪，经傅里叶（FFT）和反傅里叶（IFFT）变换后如图 4-2（d）~（f）所示，可更清楚地观察到 SiC、Al 及 SiC/Al 界面的原子结构排列。图 4-2（d）对应 $[1\bar{2}10]$ 的 SiC 结构，为典型的密排六方 α-6H-SiC，其（001）晶面的晶面间距为 1.51 nm，每个（001）晶面包含 6 个堆垛层，堆垛次序为 ABCACB。图 4-2（e）对应 $[001]$ 的 Al 结构为面心立方结构。图 4-2（f）对应 SiC/Al 界面结构，增强体 SiC 的（10$\bar{1}$3）晶面平行于基体 Al 的（020）晶面，进一步证实了上面所述的 SiC 和 Al 之间的晶体学位向关系。增强体 SiC 在（10$\bar{1}$3）面的晶面间距为 0.235 nm，基体 Al 在（020）面的晶面间距为 0.202 nm，二者之间的错配度仅为 0.14，说明此界面为 SiC 与 Al 紧密原子匹配形成半共格界面。

图 4-3（a）为实验中观察的另一个 SiC/Al 干净界面高分辨率电镜图，同样可以清楚地看到界面非常干净，无反应物和中间相，SiC 和 Al 排列紧密，结合非常好。图 4-3（b）为其界面处选区电子衍射。通过对 SiC 和 Al 两相的复合斑点进行标定如图 4-3（c）所示，得到了增强体 SiC 和基体 Al 之间存在另一种晶体学位向关系：

$$[4\bar{5}13]SiC \parallel [001]Al, \quad (\bar{1}103)SiC \parallel (020)Al$$

对图 4-3（a）SiC/Al 高分辨率图中方框区域 1~3 经 FFT 和 IFFT 变换，得到清晰的原子结构排列高分辨像如图 4-3（d）~（f）所示，从图中可以更清楚直观地观察到 SiC、Al 及 SiC/Al 界面的原子结构排列。图 4-3（d）对应 $[4\bar{5}13]$ 的密排六方的 α-6H-SiC 结构。图 4-3（e）对应 $[001]$ 的 Al 结构。图 4-3（f）对应 SiC/Al 界面结构，增强体 SiC 的（$\bar{1}$103）晶面平行于基体 Al 的（020）晶面，进一步证实了上面所述的 SiC 和 Al 之间的晶体学位向关系。二者晶面间距非常接近，增强体 SiC 在（$\bar{1}$103）面的晶面间距为 0.255 nm，基体 Al 在（020）面的晶面间距为 0.202 nm，二者之间的错配度仅为 0.21，说明此界面为 SiC 与 Al 紧密原子匹配形成的半共格界面。

图 4-4（a）为试验中观察的第三个 SiC/Al 干净界面高分辨率电镜图，图 4-4（b）为其界面处的选区电子衍射复合斑点。通过对复合斑点进行标定和分析，如图 4-4（c）所示，以下晶体学位向关系存在于试验的 SiC 颗粒和基体 Al 之间：

$$[1\bar{2}10]SiC \parallel [1\bar{2}1]Al, \quad (0006)SiC \parallel (111)Al$$

对图 4-4（a）SiC/Al 高分辨率图中方框区域 1~3 经 FFT 和 IFFT 变换，得到清晰的原子结构排列高分辨率图，如图 4-4（d）~（f）所示，从图中可以更清楚直观地观察到 SiC、Al 及 SiC/Al 界面的原子结构排列。图 4-4（d）对应 $[1\bar{2}10]$

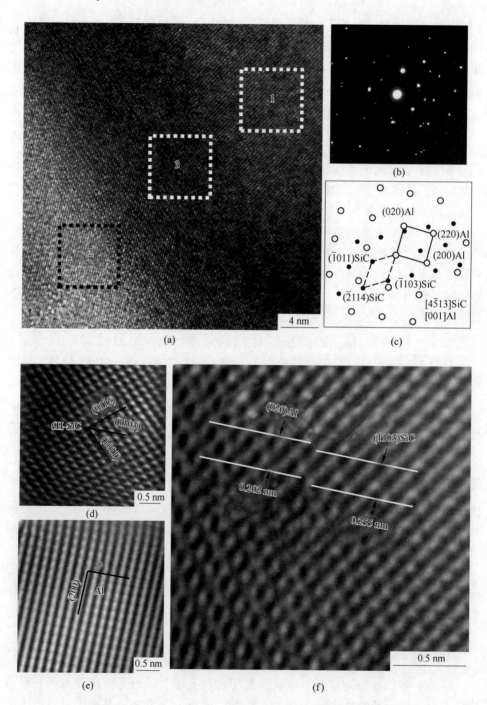

图 4-3　SiC/Al 干净界面的高分辨率电子图及电子衍射花样（二）

（a）高分辨率图；（b）（c）电子衍射花样；（d）~（f）图（a）中区域 1~3 的反傅里叶变换图

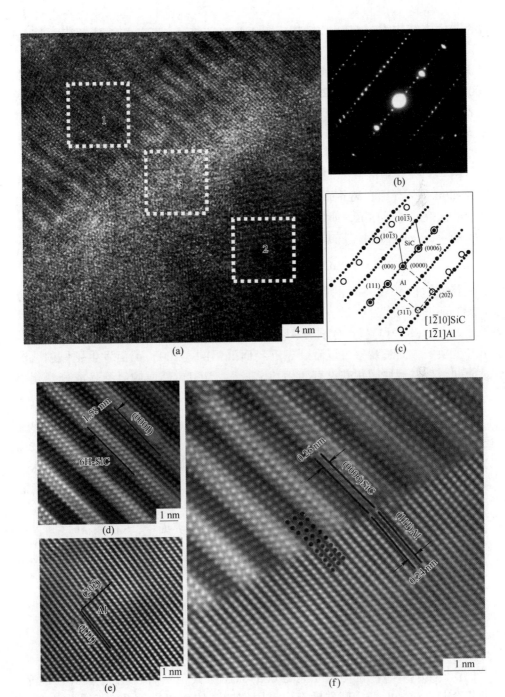

图 4-4 SiC/Al 干净界面的高分辨率电子图及电子衍射花样 (三)

(a) 高分辨率图; (b) (c) 电子衍射花样; (d)~(f) 图 (a) 中区域 1~3 的反傅里叶变换图

的密排六方结构为 α-6H-SiC 结构。图 4-4（e）对应 $[1\bar{2}1]$ 的 Al 结构。图 4-4（f）对应 SiC/Al 界面结构，增强体 SiC 的（0006）晶面平行于基体 Al 的（111）晶面，进一步证实了上面所述的 SiC 和 Al 之间的晶体学位向关系。增强体 SiC 在（0006）面的晶面间距为 0.26 nm，基体 Al 在（111）面的晶面间距为 0.24 nm，二者之间的错配度仅为 0.07，说明此界面为 SiC 与 Al 紧密原子匹配形成的半共格界面。

图 4-5（a）为实验中观察到的一个 SiC/Al 干净界面 HRTEM 高分辨率电镜图，图 4-5（a）中区域 1、2 和区域 3 分别对应离界面较远的 SiC 颗粒部分、SiC 颗粒和 Al 基体界面、离界面较远的 Al 基体部分。对区域 1、2 和区域 3 分别进行傅里叶变换并进行标定，如图 4-5（b）~（d）所示。

图 4-5（c）中界面处的复合衍射斑点表明 SiC 和 Al 之间存在以下位向关系：

$$[4\bar{5}13]SiC \parallel [001]Al, \quad (1\bar{1}03)SiC \parallel (200)Al$$

其中，$(1\bar{1}03)$ SiC 的晶面间距 $d = 0.255$ nm，（200）Al 的晶面间距 $d = 0.202$ nm，错配度为 0.21。

图 4-5（e）和（f）分别为 Al 基体部分离界面较远处和靠近界面处的反傅里叶变换图，测量观察可以看到靠近界面处铝的（200）晶面发生了倾斜，测量面间距后发现面间距并没有变化，说明铝（200）晶面倾斜不是成分变化引起的；如果铝晶面不发生倾斜，则 $(\bar{1}011)SiC \parallel (100)Al$，$(\bar{1}011)$ SiC 的晶面间距 $d = 0.2608$ nm，（200）Al 的晶面间距 $d = 0.2025$ nm，错配度为 0.2235。显然为了减小界面能，（200）Al 晶面发生了倾斜[1]。材料制备时，会出现 7% 左右的液相，当铝液凝固时，基于界面能最小的原则，在近界面区域铝晶体会局部自发做出取向轻微调整，在界面处原子发生点阵畸变，形成较低界面能的界面。

综合以上分析，在观察的四个 SiC 和 Al 的干净界面中，SiC 和 Al 之间存在四种晶体学位向关系：

$$[1\bar{2}10]SiC \parallel [001]Al, \quad (10\bar{1}3)SiC \parallel (020)Al$$

$$[4\bar{5}13]SiC \parallel [001]Al, \quad (\bar{1}103)SiC \parallel (020)Al$$

$$[1\bar{2}10]SiC \parallel [1\bar{2}1]Al, \quad (0006)SiC \parallel (111)Al$$

$$[4\bar{5}13]SiC \parallel [001]Al, \quad (1\bar{1}03)SiC \parallel (200)Al$$

第二种和第四种位向关系是等价的，而与其他两种位向关系互不等价。在实验中，SiC 和 Al 之间并没有出现固定的晶体学取向关系，但是均为紧密原子匹配形成的半共格界面。在对 SiC/Al 位向关系的研究中，Arsenault[2] 认为 SiC 和 Al 基体之间存在有固定的取向关系，即 $[11\bar{2}0]SiC \parallel [110]Al$，

（0001）SiC ∥（112）Al。罗承萍等人[3]认为，SiC 和 Al 基体会有另一种择优取向关系：（1$\bar{1}$03）SiC ∥（111）Al。

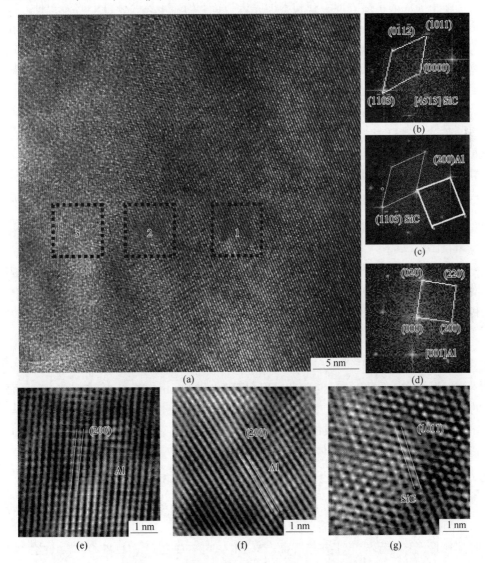

图 4-5　SiC/Al 干净界面的高分辨率电子图及相应的傅里叶、反傅里叶变换图

（a）高分辨图；（b）~（d）图（a）中区域 1~3 的傅里叶变换图；

（e）~（g）远离界面的基体，靠近界面的基体和 SiC 的反傅里叶变换图

上述取向关系均未在试验中发现，究其原因认为，试验的复合材料是以粉末冶金法制备而成，整个烧结过程基本属于固态扩散过程，SiC 与铝合金基体粉末多以随机方式接触，故形成的界面取向也是随机的。

4.2.2.2 轻微反应型界面

除了前述的干净界面，在粉末冶金法制备 SiCp/Al 复合材料中的另一种界面是如图 4-6 所示的轻微反应型界面。图 4-6（a）可观察到 SiC 和 Al 的界面处存在长度约 100 nm、宽度约 10 nm 的纳米颗粒，该颗粒太小，难以通过衍射花样标定及能谱分析来确定其化学组成，但可以通过其高分辨率图（见图 4-6（b））来确定其结构。对图 4-6（b）高分辨率图中方框区域进行去噪，经 FFT 和 IFFT 变换，清晰的原子结构排列高分辨率图如图 4-6（c）所示，组成该原子排列图的基本单元是一个矩形，选取一个基本单元，经过精确测量，其长度和宽度分别为 0.466 nm 和 0.285 nm。通过查阅文献及结合试验实际认为，该纳米颗粒可能为 Al_2Cu、Al_2CuMg、$MgAl_2O_4$、MgO 或 Mg_2Si。通过比较上述物质的各个晶面间距与基本单元的长度和宽度，发现只有 $MgAl_2O_4$ 的（$20\bar{2}$）和（$1\bar{1}1$）晶面与其比较吻合，进一步校核（$20\bar{2}$）和（$1\bar{1}1$）晶面之间的角度为 90°，确定该纳米颗粒为 $MgAl_2O_4$。

图 4-6（d）为 SiC/$MgAl_2O_4$/Al 的界面高分辨率图，图中方块区域分别对应增强体 SiC、$MgAl_2O_4$ 尖晶石和 Al 基体。图 4-6（e）和（f）分别是 SiC/$MgAl_2O_4$ 和 $MgAl_2O_4$/Al 的复合衍射斑点，从图 4-6（e）可以看出，增强体 SiC 和 $MgAl_2O_4$ 之间存在以下晶体学位向关系：

$$[01\bar{1}]SiC \parallel [12\bar{1}]MgAl_2O_4, \quad (111)SiC \parallel (20\bar{2})MgAl_2O_4$$

增强体 SiC 在（111）晶面的晶面间距为 0.252 nm，$MgAl_2O_4$ 在（$20\bar{2}$）晶面的晶面间距为 0.285 nm，二者之间的错配度仅为 0.116，说明此界面为 SiC 与 $MgAl_2O_4$ 紧密原子匹配形成的半共格界面。从图 4-6（f）中可以看出，$MgAl_2O_4$ 和基体 Al 之间存在以下晶体学位向关系：

$$[01\bar{3}]Al \parallel [12\bar{1}]MgAl_2O_4, \quad (200)Al \parallel (3\bar{1}\bar{1})MgAl_2O_4$$

基体 Al 在（200）晶面的晶面间距为 0.202 nm，$MgAl_2O_4$ 在（$3\bar{1}\bar{1}$）晶面的晶面间距为 0.244 nm，二者之间的错配度仅为 0.17，说明此界面为 $MgAl_2O_4$ 与 Al 紧密原子匹配形成的半共格界面。$MgAl_2O_4$ 与 SiC 之间、$MgAl_2O_4$ 与 Al 之间均为半共格界面，表明 $MgAl_2O_4$ 作为中间媒介很好地连接了增强体 SiC 和 Al 基体。

4.2.2.3 非晶层界面

除了前面所描述的干净界面、轻微反应型界面，在实验中还观察到极少量的非晶层界面。图 4-7 为 SiC/Al 非晶层界面结构的高分辨率电子图及相应的傅里叶、反傅里叶变换图。从图 4-7（a）中复合材料 SiC 和 Al 基体界面的高分辨形

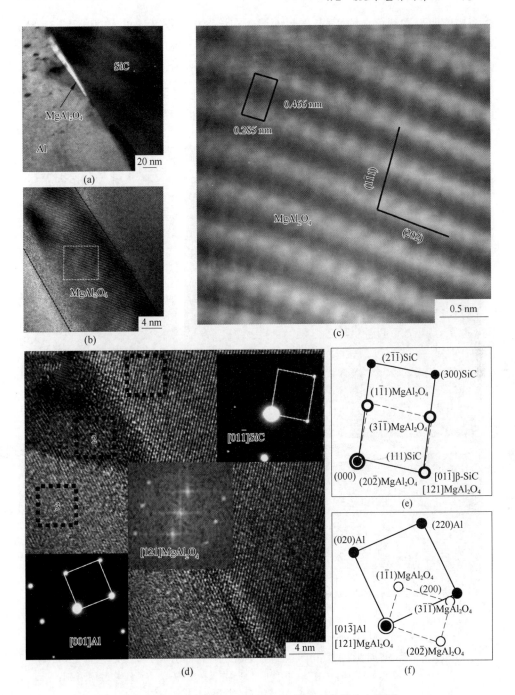

图 4-6 SiC/Al 轻微反应型界面结构的高分辨率电子图

(a) 界面 TEM 图；(b) $MgAl_2O_4$ 的高分辨率图；(c) 图 (b) 中白色方框区域反傅里叶变换图；

(d) 界面 HREM 图及选区电子衍射图；(e) ~ (f) SiC、Al 与 $MgAl_2O_4$ 的原子匹配

貌图中能明显看到存在约 8 nm 的界面层，在该图中方框区域 1、2 和区域 3 分别对应离界面较远的 SiC 部分、SiC 颗粒和 Al 基体界面和离界面较远的 Al 基体部分，对其分别进行傅里叶变换如图 4-7（d）~（f）所示，远离界面的 SiC 结构对应于 6H-SiC ［4513］方向的衍射斑点，远离界面处 Al 结构对应于 Al ［$\bar{1}$12］方向的衍射斑点，界面处是非晶衍射斑点，证明该界面层为非晶层界面。

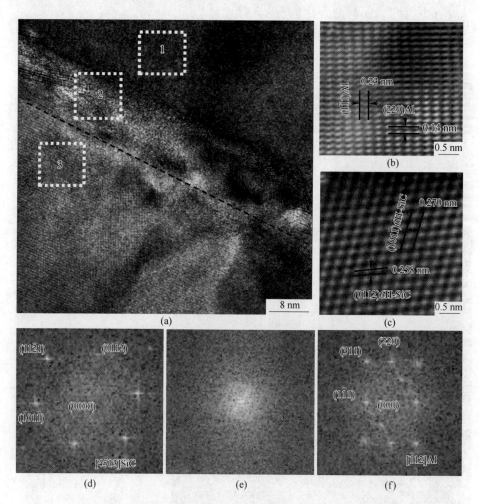

图 4-7 SiC/Al 非晶层界面结构的高分辨率电子图及相应的傅里叶、反傅里叶变换图
（a）SiC/Al 非晶层界面的高分辨率图及选区电子衍射花样图；（b）基体 Al 的反傅里叶变换图；
（c）SiC 的反傅里叶变换图；（d）SiC 的傅里叶变换图及标定；（e）界面处傅里叶变换图；
（f）Al 基体的傅里叶变换图及标定

樊建中[4]认为，非晶层的产生和界面上存在 SiO₂ 氧化层、镁元素富集形成杂质相有关。非晶层界面对复合材料的性能不利，但是关于非晶层的形成机理及非晶层对界面结合的影响目前尚无定论，还有待深入探究。从试验的观察来看，材料中 SiC/Al 之间的非晶层极少，因此图 4-7 中的非晶层界面对试验复合材料的整体界面结合影响不大。

4.2.3 SiC 和基体界面状况分析

SiC/Al 的界面存在以下几种，如明显反应型界面、轻微反应型界面、非晶层界面和干净界面。明显反应型界面是指增强体 SiC 和 Al 基体之间发生反应生成连续的反应层，界面反应物通常为脆性相 Al_4C_3 或 $MgAl_2O_4$，这些脆性相组成的连续界面反应层在拉伸载荷作用下很容易萌生裂纹，对材料的性能严重不利。但是，在试验中并未观察到这种明显反应型界面的存在，一般来说只有在温度超过 660 ℃时界面上才会开始出现 Al_4C_3 连续反应层，采用粉末冶金法制备复合材料，制备温度低，因此不会出现 Al_4C_3 或 $MgAl_2O_4$ 连续反应层。

轻微反应型界面是指反应物在 SiC/Al 界面处离散分布的界面及台阶界面。从润湿性角度分析，只要复合材料界面上出现少量、不连续的细小反应物，均会改善 SiC 和 Al 之间的润湿性，进而实现载荷由基体向增强体的有效传递。因此，有研究者[4]为了改善 SiC 颗粒与基体之间的润湿性，采用高温氧化得到表面有 SiO_2 氧化层的 SiC 颗粒，从而促进制备过程中界面处 $MgAl_2O_4$ 的生成。但也有学者[5]认为，轻微反应生成的反应物虽然改善了界面的润湿性，增强了界面的结合，但由于反应物是脆性相，是潜在的裂纹源，不利于抗拉强度的提高。台阶界面的生成是由于液相基体对 SiC 颗粒择优损伤引起的，是液相法制备复合材料的典型界面之一，在试验中并未出现。

对于非晶层界面的产生，一般认为与界面上镁元素富集和杂质相的形成有关。关于干净界面，这类界面是 SiC 和 Al 之间形成原子键合来进行结合的，从理论上讲，这类界面是最理想的界面结合方式。通过本节前面一系列的高分辨率图分析，试验所得干净界面均为紧密原子匹配形成的化学键合干净界面。

4.3 复合材料中的析出相与基体的界面

Al-Cu-Mg 系铝合金的主要强化相是 θ(Al_2Cu) 和 S(Al_2CuMg)，随 Cu 和 Mg 相对质量比的不同会改变。本书中铝合金基体中 $m(Cu):m(Mg)$ 约为 3.3，主要强化相为 θ+S。以 θ 相和 S 相为主要强化相的 2024Al 合金典型时效析出过程为：

$$\alpha \rightarrow GP \ \text{区} \rightarrow \theta'' \rightarrow \theta' \rightarrow \theta(Al_2Cu)$$
$$\alpha \rightarrow GPB \ \text{区} \rightarrow S'' \rightarrow S' \rightarrow S(Al_2CuMg)$$

其中，α 代表过饱和固溶体，GP 区、GPB 区是铝合金中形成的富铜偏聚区和富铜镁偏聚区。θ″和 S″相、θ′和 S′相都是亚稳定的过渡相、θ和 S 相属于平衡相。

由此可以看出，从过饱和固溶体中不能直接析出 θ 和 S 平衡相，而是要经过若干过渡相。从热力学上看，虽然 θ 和 S 相确实是处于自由能最低的状态，但是 θ 和 S 相需要与基体形成非共格界面，界面能很高；在低温时效时，相变驱动力不足以克服相变阻力，所以从动力学上讲，只有采取中间过渡相。GP 区虽然自由能较高，但它与基体没有明显的界面，没有界面能。一部分 GP 区和 GPB 区会原位生成 θ″和 S″相，另一部分 GP 区和 GPB 区会把 Cu 原子和 Mg 原子输送到新生成的 θ″和 S″相中，θ″和 S″相与母相完全保持共格关系。当时效继续进行时，θ″和 S″相溶解，θ′和 S′相会形核长大，与基体保持共格或者半共格的关系。当 θ′和 S′相进一步长大时，共格应变能增大到一定程度，便与基体不再能维持共格关系，取而代之的是形成稳定的 θ 和 S 相，它们与基体完全不共格[6]。

4.3.1 复合材料时效过程中析出相形貌

第 3 章已经表明试验复合材料时效析出相主要有两种，盘片状析出相（Al₂Cu）和棒针状析出相（Al₂CuMg）。图 4-8 为复合材料经固溶处理后时效 20 min、2 h 和 8 h 后 Al_2Cu 相的 TEM 图，随着时效时间的增加，Al_2Cu 相的尺寸不断增加。从图 4-8（a）可看出，当复合材料时效 20 min 后，已经有一定量的 Cu 原子从过饱和固溶体中析出，然后偏聚形成盘片状的 GP 区，借助高分辨率图可以观察到，GP 区的直径为 2~8 nm，虽然 20 min 时效时间很短，但是人工时效温度所提供的驱动力已经促使 Cu 原子克服相变阻力，偏聚形成 GP 区。

图 4-8（b）为复合材料时效 2 h 后析出相的 TEM 图和选区电子衍射花样，与图 4-8（a）中 GP 区相比较，时效 2 h 后析出相的尺寸明显变大，盘片状析出相的直径为 30~60 nm；随着时效进行，扩散驱动力进一步加大，GP 区转化为 θ″。此时时效时间仍然较短，合金元素还没有完全析出，整个时效过程还处于欠时效过程。当复合材料时效 8 h 时，如图 4-8（c）所示，许多直径为 50~200 nm 的盘片状析出相弥散分布在基体中，相比于时效 2 h，析出相的尺寸进一步变大，数量进一步变多。该时效时间下所析出的盘片状析出相的衍射花样如图 4-8（d）所示，经过标定，盘片状析出相的电子衍射花样对应 Al_2Cu。

图 4-9 为复合材料经固溶处理后时效 20 min、2 h 和 8 h 后析出相 Al_2CuMg 的 TEM 图，随着时效时间的增加，析出相的尺寸不断增加。

从图 4-9（a）中可以看出，时效 20 min 后，有一定量的 Cu 和 Mg 原子从过饱和固溶体中析出，偏聚形成棒针状 GPB 区，GPB 区的直径为 5~15 nm。图 4-9（b）为复合材料时效 2 h 后析出相的 TEM 图，与图 4-9（a）中 GPB 区相比，时

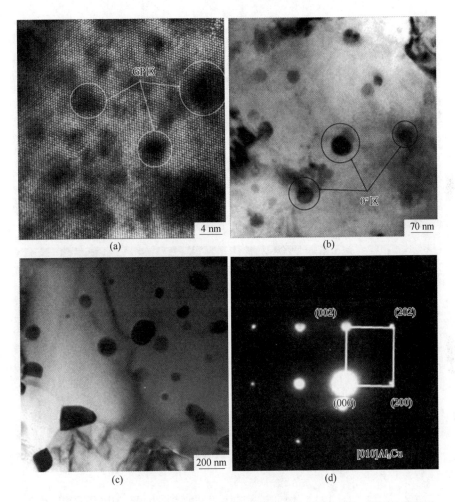

图 4-8　复合材料经 190 ℃不同时效时间盘片状纳米析出相的 TEM 图及衍射花样

（a）20 min；（b）2 h；（c）8 h；（d）对应（c）图电子衍射花样

效 2 h 后析出相的尺寸明显变大，棒针状析出相的直径为 80～120 nm。随着时效进行，GPB 区会转化为 S″相。

当复合材料时效 8 h 时，如图 4-9（c）所示，许多长度为 100～150 nm 的棒针状析出相弥散分布在基体中，相比于复合材料时效 2 h，其析出相的尺寸进一步变大，数量进一步变多。该时效时间下所析出的棒针状析出相的衍射花样如图 4-9（d）所示，经标定，棒针状析出相的电子衍射花样对应 Al_2CuMg（空间群：$Cmcm$，晶格常数：$a = 0.4008$ nm，$b = 0.9248$ nm，$c = 0.7154$ nm）。此时，有一小部分析出相尺寸已经开始变得粗大，形状不规则，复合材料中析出相是由大量弥散分布的 S′相及少量粗化的 S 相组成。

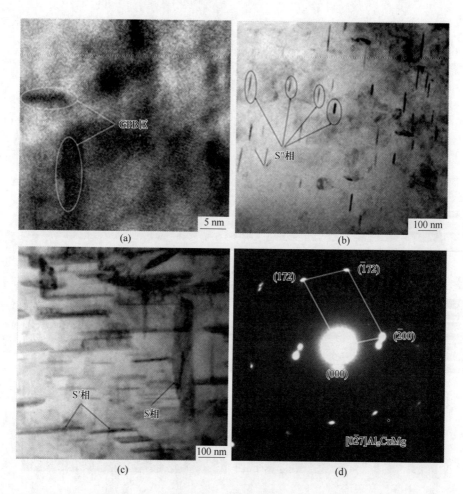

图 4-9　复合材料经 190 ℃不同时效时间棒针状纳米析出相的 TEM 图及衍射花样

(a) 20 min；(b) 2 h；(c) 8 h；(d) 对应 (c) 图电子衍射花样

4.3.2　复合材料时效过程中析出相与基体界面

析出相与基体的界面特性是影响复合材料时效强化的重要因素，在析出相的尺寸和结构变化中其与基体间的界面也相应发生变化。图 4-10 为复合材料时效过程中盘片状纳米析出相与基体界面 HRTEM 图。

图 4-10 (a) 为复合材料时效 20 min 后基体的 HRTEM 图，其中黑色圆盘状代表 GP 区，造成该颜色上的差异是因为 Cu 原子偏聚从而形成衍射衬度不同引起的。图 4-10 (b) 是图 4-10 (a) 中方框区域的 IFFT 图，从中能更清楚地看到复合材料中基体的原子结构排列，GP 区是在时效最初期，合金元素 Cu 在 Al 基体中某一特性晶面上偏聚形成的，GP 区与基体保持共格关系。由于此时时效时

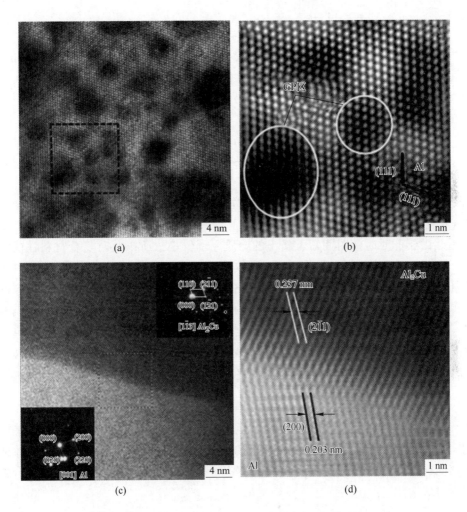

图 4-10　复合材料时效过程中盘片状纳米析出相与基体界面 HREM 图
(a) 时效 20 min 后基体 HREM 图；(b) 图 (a) 中方框区域 IFFT 图；
(c) 时效 8 h 后 Al_2Cu/Al 界面 HREM 图；(d) 图 (c) 中方框区域 IFFT 图

间短，析出的溶质原子较小，因此此时复合材料性能提升不明显。

当复合材料经过 190 ℃时效 8 h 后，如图 4-10 (c) 所示，此时析出相主要为盘片状 θ′相 (Al_2Cu)。θ′相与基体界面的高分辨率图及相应的电子衍射花样，经过标定，图 4-10 (c) 中电子衍射花样对应 [$\overline{1}13$] Al_2Cu 和 [001] Al。利用 DigitalMicrograph 软件对图 4-10 (c) 方框区域进行去噪处理，经过傅里叶变换 (FFT) 和反傅里叶变换 (IFFT) 之后，如图 4-10 (d) 所示，θ′相 (Al_2Cu) 与基体 Al 之间存在以下位向关系：

$$[1\bar{1}3]Al_2Cu \parallel [001]Al,\ (2\bar{1}1)Al_2Cu \parallel (200)Al$$

Al$_2$Cu 在 (2$\bar{1}$1) 晶面的晶面间距为 0.237 nm，Al 在 (200) 晶面上的晶面间距为 0.203 nm，因此可以计算出它们之间的错配度为 0.143，表明 θ′相（Al$_2$Cu）与基体的界面是一种半共格关系。这种半共格界面有利于传递载荷，进而提升复合材料的时效性能。

图 4-11（a）为复合材料时效 20 min 后基体的 HREM 图，其中黑色棒针状代表 GPB 区，造成该颜色上的差异是因为 Cu 和 Mg 原子偏聚从而形成衍射衬度不同引起的。图 4-11（b）是图 4-11（a）中方框区域的 IFFT 图，从中能更清楚地看到复合材料中基体的原子结构排列，GPB 区是在时效最初期，合金元素 Cu 和 Mg 在 Al 基体中某一特性晶面上偏聚形成的，GPB 区与基体保持共格关系。由于此时时效时间短，析出的溶质原子较小，所以此时复合材料性能提升不明显。当复合材料经过 190 ℃时效 8 h 后，如图 4-11（c）所示，此时析出相主要为棒针状 S′相（Al$_2$CuMg）。S′相与基体界面的高分辨率图及相应的电子衍射花样，经过标定，图 4-11（c）中电子衍射花样对应 [$\bar{1}$14]Al$_2$CuMg 和 [$\bar{1}$10]Al。对图 4-11（c）中方框区域经过傅里叶变换（FFT）和反傅里叶变换（IFFT）之后，如图 4-11（d）所示，S′相（Al$_2$CuMg）与基体 Al 之间存在以下位向关系：

$$[\bar{1}14]Al_2CuMg \parallel [\bar{1}10]Al,\ (0\bar{4}1)Al_2CuMg \parallel (\bar{1}\bar{1}1)Al$$

Al$_2$CuMg 在 (0$\bar{4}$1) 晶面的晶面间距为 0.21 nm，Al 在 ($\bar{1}\bar{1}$1) 晶面上的晶面间距为 0.24 nm，它们之间的错配度为 0.125，表明 S′相（Al$_2$CuMg）与基体的界面同样是一种半共格关系。这种半共格界面有利于传递载荷，进而提升复合材料的时效性能。

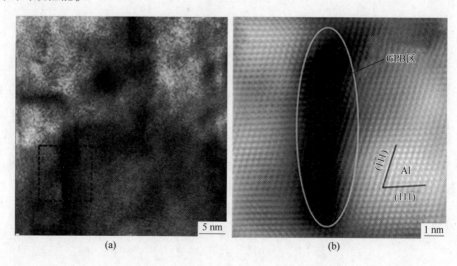

(a)　　　　　　　　　　　　　　(b)

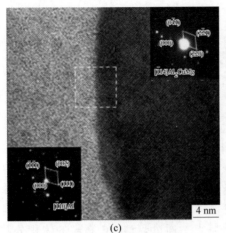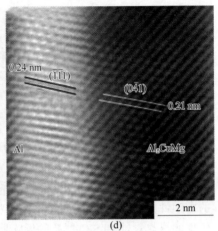

(c)　　　　　　　　　　　　　　(d)

图 4-11　复合材料时效过程中棒针状纳米析出相与基体界面 HREM 图

(a) 时效 20 min 后基体 HREM 图；(b) 图 (a) 中方框区域 IFFT 图；
(c) 时效 8 h 后界面 HREM 图；(d) 图 (c) 中方框区域 IFFT 图

　　综合以上对时效过程中析出相尺寸、数量、界面特性的表征及分析，发现复合材料在整个时效过程中，不论是盘片状析出相还是棒针状析出相，在时效初期，析出相尺寸都较小，与基体保持共格关系，属于一种欠时效阶段。随着时效进行，析出相尺寸加大，密度显著增大，与基体以一种紧密原子匹配形成半共格界面，此时属于时效峰阶段，对应较佳时效时间，对材料性能有利。当时效时间继续增加时，析出相尺寸粗化，密度下降，与基体之间是一种不共格界面，整个时效过程进入过时效阶段。

参 考 文 献

[1] 柳培，王爱琴，郝世明，等 . SiCp/2024Al 基复合材料的界面行为 [J]. 电子显微学报，2014，33 (4)：306-312.

[2] ARSENAULT R J, PANDE C S. Interfaces in metal matrix composites [J]. Scripta Metallurgica, 1984, 18 (10)：1131-1134.

[3] 罗承萍，隋贤栋，欧阳柳章. SiCp/Al-Si 复合材料中 SiC/Al 的晶体学位向关系 [J]. 金属学报，1999，35 (4)：343-347.

[4] RIBES H, DA SILVA R, SUERY M, et al. Effect of interfacial oxide layer in Al-SiC particle composites on bond strength and mechanical behavior [J]. Materials Science and Technology, 1990, 6 (7)：621-628.

[5] 樊建中. 粉末冶金 SiCp/Al 复合材料的界面状况与变形行为 [D]. 哈尔滨：哈尔滨工业大学，1997.

[6] 石德珂. 材料科学基础 [M]. 西安：西安交通大学，2003.

5 SiCp/Al 复合材料的热物理性能

5.1 引　言

SiCp/Al 复合材料具有低的热膨胀系数（CTE）及高的导热性能，是除了其优异的力学性能外复合材料的主要研究目的。SiCp/Al 复合材料综合利用铝合金基体优良的导热性能和 SiC 颗粒的低膨胀特点，通过调整 SiC 颗粒的体积分数和尺寸可以设计出与多种不同航空材料的热膨胀系数相匹配的复合材料，同时还拥有良好的导热性。热膨胀系数和导热系数（TC）是光学/仪表级复合材料需要考虑的主要要素。本章将主要介绍 SiCp/Al 复合材料的热膨胀及导热性能，具体研究 SiC 颗粒大小和体积分数变化对复合材料热膨胀系数及导热系数的影响，分析 SiCp/Al 复合材料在较大的温度区间内具有低的热膨胀系数和尺寸稳定性的原因，并对理论预测模型做了比较和分析；研究了复合材料的热残余应力在加热和冷却过程中产生和松弛的规律，以及其对材料热物理性能的影响。

5.2 SiCp/Al 复合材料的热膨胀性能

5.2.1 尺寸稳定性

由于 SiCp/Al 复合材料工作的环境温度会常发生变化，有时变化得较激烈，因此材料的尺寸稳定性好坏是一个必须考虑的因素。利用冷热变化实时检测复合材料的尺寸变化可衡量复合材料在环境温度变化下的尺寸稳定性。试验采用圆柱试样，尺寸为 $\phi 8 \text{ mm} \times 12 \text{ mm}$，加热及冷却速度率均为 5 ℃/min，利用热膨胀仪对圆柱试样在冷热循环过程中轴向尺寸的变化进行实时检测，得到试样尺寸变化与冷热环境温度变化的关系曲线；通过热循环曲线形状和封闭程度，判断材料热循环尺寸的热稳定程度，以此来分析材料的抗温度波动尺寸稳定性。

图 5-1 为不同 SiCp/Al 复合材料的相对伸长量随温度循环变化的关系，从不同 SiCp/Al 复合材料热循环曲线，可发现以下现象：

（1）不同 SiCp/Al 复合材料总体上在整个热循环过程中稳定性较好。大部分材料在高温（250 ℃以上）阶段，材料升温段的相对伸长量明显大于降温段的相对伸长量，即升温时的膨胀量与冷却时的收缩量不相等（后面称为热滞后环）。

（2）SiC 体积分数为 30%时的 SiCp/Al 复合材料，总体稳定性相对较好，SiC 颗粒尺寸变化对材料稳定性的影响不大，在温度 300~400 ℃范围内出现热滞后环。但是，SiC 颗粒尺寸为 3 μm 时材料的稳定性与其他样品不同。

（3）随着循环温度范围降低，复合材料升温热膨胀曲线和降温收缩曲线之间的差别减小。例如，当温度上限为 200 ℃时，升温曲线和降温曲线基本重合，低温段 SiCp/Al 复合材料的稳定性相对较好。

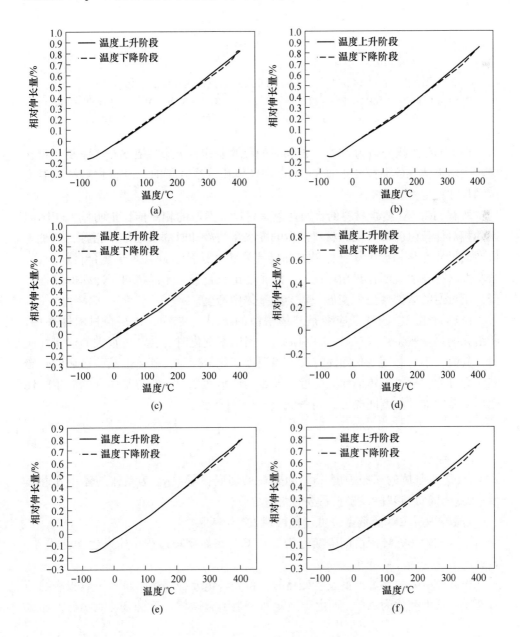

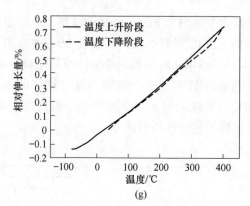

图 5-1 不同 SiCp/Al 复合材料的相对伸长量随循环温度变化的关系

(a) 30%SiCp(40 μm)/Al; (b) 30%SiCp(25 μm)/Al; (c) 30%SiCp(3 μm)/Al; (d) 30%SiCp(8 μm)/Al; (e) 30%SiCp(15 μm)/Al; (f) 35%SiCp(15 μm)/Al; (g) 40%SiCp(15 μm)/Al

(4) SiC 体积分数为 40% 和 35% 时的尺寸稳定性较差。在 SiCp/Al 复合材料中，当增强体 SiC 颗粒尺寸增大、SiC 颗粒体积分数降低时，复合材料抵抗温度波动尺寸稳定性较好。

所有 SiCp/Al 复合材料的普遍现象是材料升温段的相对伸长量明显大于降温段的相对伸长量，即升温时材料产生的膨胀量与冷却时的收缩量不相等，这种不可逆的尺寸变化一般由复合材料内部局部微塑性松弛引起。对于复合材料来说，微塑性松弛发生说明在热循环期间，除了各组元自身由于晶格热胀冷缩的弹性应变，不可逆的微塑性松弛变形一般会在基体中产生。

由热循环产生的残余应变是基体松弛的结果，在 SiC/Al 复合材料体系中，两组元的热膨胀系数（CTE）差别很大。当温度变化时，会产生很大的热错配应力，其值大小与温度变化间隔有关。当温度变化较高时，基体上某些区域的热错配应力可能会超过基体的屈服强度，导致局部塑性变形，能使基体开始产生塑性变形所需的临界温度间隔 ΔT_s 可按式 (5-1)[1] 计算。

$$\Delta T_s = \frac{2}{3}\sigma_{ms}\left(\frac{1}{4G_p} + \frac{1}{3K_m}\right)\frac{1}{\Delta\alpha} \tag{5-1}$$

式中，σ_{ms} 为基体的屈服强度；G_p 为颗粒的切变模量；K_m 为基体的体积弹性模量；$\Delta\alpha$ 为颗粒与基体线膨胀系数的差。

若取文献 [2] 的数据，可计算得到 $\Delta T_s = 54$ ℃。

本章试验热循环温度间隔实际为 400 ℃，在热循环过程中应发生塑性松弛，导致残余应变和尺寸变化。

当试样所处的环境温度发生变化时，首先各组元的晶格本身由于热胀冷缩的原理发生长度变化为 ΔL_a，而由于微塑性松弛引起试样长度的变化为 ΔL_p，那么试样整体在温度变化条件下的伸长量变化可表示为：

加热段： $$\Delta L_h = \Delta L_a + \Delta L_p$$

冷却段： $$\Delta L_c = \Delta L_a - \Delta L_p$$

这样，在循环过程中热胀应变与冷缩应变是非对称的，即 $\Delta L_h > \Delta L_c$。

当热循环温度变化范围减小时，基体内部残余热应力小，升温热膨胀曲线和降温收缩曲线之间的差别减小，重合性变好。因为温度范围减小，基体中因升温产生的压应力大大减小，结果使得升温热膨胀量与降温收缩量趋于一样。当温度上限为 250 ℃时，热循环中升温曲线和降温曲线基本重合，即在低于 250 ℃温度范围内，复合材料的热循环尺寸稳定性好。由于微塑性松弛是热循环过程中累积残余应变的根本原因，减小或抑制微塑性松弛的产生会提高稳定性，比如减小可动位错密度或者降低初始残余应力，都可增强基体的微塑变抗力，提高抵抗温度波动的尺寸稳定性，因此凡是对微屈服强度不利的因素，如增强体颗粒体积分数较高、颗粒尺寸较小等，均对抵抗温度变化尺寸稳定性不利。

除此之外，既然热循环滞后环是由于复合材料内部（基体中）升温应力和降温应力差异导致，热循环曲线不封闭，因此升温膨胀基体中产生的应力值不等于降温收缩基体中产生的应力值。引起应力差异的其他原因有：界面结合较差，在热应力作用下发生相对滑动，应力松弛；基体或增强体发生变形，应力状态发生变化；材料中存在大量裂纹孔洞等缺陷，缺陷产生应力松弛；颗粒过度损伤，热应力作用使颗粒大量断裂，导致内应力产生一定的松弛等。

应当说明的是，热膨胀是指由于温度变化导致材料热胀冷缩而产生的尺寸变化。热膨胀系数（CTE）定义为：温度每变化 1 ℃时材料（试样）的尺寸变化率。因此，可以认为 CTE 是衡量材料抵抗温度变化尺寸稳定性的参数，它也是最接近直接参数的指标。CTE 变化越小，抵抗温度尺寸稳定性就越好。应该指出，CTE 只是抵抗单程温度变化尺寸稳定性指标，当温度往复循环变化时，材料的尺寸稳定性就取决于内部组织结构的稳定性。如果在温度循环过程中，内部结构发生不可逆变化，必然导致材料的永久变形（即不能恢复原样）而产生尺寸不稳定性，影响材料的实际应用。

5.2.2 SiC 颗粒体积分数对材料热膨胀系数的影响

热膨胀系数是光学/仪表级材料的重要热物理性能之一，本节主要研究的是线膨胀系数，表征复合材料受热时长度变化程度。图 5-2 为 20～100 ℃范围内不同 SiC 颗粒体积分数 SiCp(15 μm)/Al 复合材料的 CTE 实测值和分别用四种理论模型（Kerner，Turner，ROM 和 Schapery）的计算值。从图 5-2 中可以看出，随 SiC 颗粒体积分数的增加，四种模型预测的热膨胀系数变化趋势相同，都是随 SiC 颗粒体积分数增加，热膨胀系数减小；随着 SiC 颗粒体积分数的增加，大量的低膨胀 SiC 相能有效地抑制基体膨胀。SiC 颗粒的体积分数变化很大程度上决定了复合材料热膨胀系数的变化方向，通过调整 SiC 颗粒的体积分数来实现复合材料的低膨胀系数是最直接的方法。

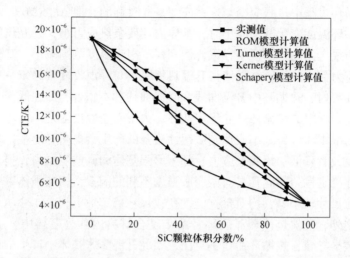

图 5-2 SiC 颗粒体积分数不同时 SiCp/Al 复合材料的 CTE 实测值和模型理论计算值

除了 SiC 颗粒本身热膨胀系数小以外，对于复合材料，SiC 颗粒可以通过 SiC 颗粒和铝基体形成的界面去约束基体合金的热膨胀行为。当复合材料中 SiC 颗粒体积分数增大时，材料中 SiC 颗粒和铝基体形成的界面增多，界面对基体合金热膨胀的制约程度增强，也会降低复合材料整体的热膨胀系数。

通过计算表明，Kerner 模型的理论计算值要稍高于实测值，这主要是由于 Kerner 模型认为颗粒是球形的，而实际上制备所用的 SiC 颗粒多是不规则形状，估算值一般会比实际测量值大；Turner 模型考虑了材料中的张应力和压应力，实际中还有剪切应力、内应力和变形等影响因素，其理论计算值低于实测值。Schapery 模型能较好地预测 SiCp/Al 复合材料的热膨胀系数值。

三种不同 SiC 颗粒体积分数（30%、35% 和 40%）的 SiCp(15 μm)/Al 复合材料在 20 ~ 100 ℃ 之间的平均线膨胀系数和其他传统航空材料的热膨胀系数（CTE）比较见表 5-1，SiCp/Al 复合材料的 CTE 介于（11.6 ~ 13.3）×10^{-6} K^{-1} 之间，与航空常用材料铍材、钢材和镍层相接近，可作为这些材料优良的替代材料，起到减重、降低污染等效果。

表 5-1 SiCp/Al 复合材料和其他传统航空材料的 CTE 比较

材料	30%SiCp/Al	35%SiCp/Al	40%SiCp/Al	I-220 铍材	45 号钢	化学镀镍层
CTE/K^{-1}	13.3×10^{-6}	12.4×10^{-6}	11.6×10^{-6}	11.8×10^{-6}	12.8×10^{-6}	12.1×10^{-6}

图 5-3 是不同 SiC 体积分数复合材料的 CTE 随温度变化的情况，温度升高，不同 SiC 颗粒体积分数复合材料的热膨胀系数均增大。当温度超过 100 ℃后，热膨胀系数有一段比较快的上升，350 ℃后复合材料的热膨胀系数减缓。图 5-4 是 30%SiCp/Al 复合材料的 CTE 随温度变化与不同模型计算值的比较。相对来说，Schapery 模型能较好地预测 300 ℃下不同 SiC 颗粒体积分数 SiCp/Al 复合材料的热膨胀系数。

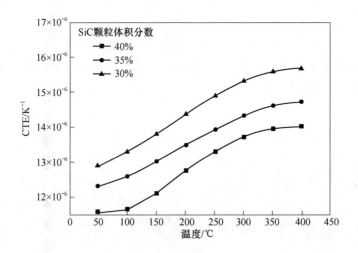

图 5-3　不同 SiC 颗粒体积分数复合材料的 CTE 随温度的变化

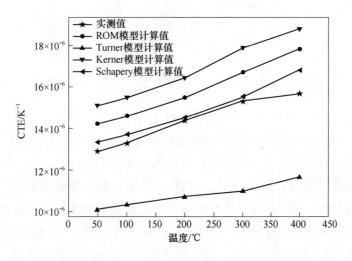

图 5-4　不同温度下 SiCp/Al 复合材料 CTE 的实测值与理论计算值

5.2.3　SiC 颗粒尺寸对材料热膨胀系数的影响

图 5-5 为在 50~400 ℃范围内，含不同尺寸 SiC 颗粒 SiCp/Al 复合材料的热膨胀系数变化曲线。由图 5-5 可知，铝合金基体中加入 30%SiC 颗粒后可以明显降低复合材料整体的热膨胀系数；同时可以发现，含不同尺寸 SiC 颗粒的复合材料的热膨胀系数均随着温度的升高而逐渐升高。在温度为 50 ℃时，当 SiC 颗粒尺寸从 3 μm 增大到 40 μm 时，复合材料的热膨胀系数缓慢增加；在高温 400 ℃下，热膨胀系数增加较大。不论在低温还是高温阶段，SiCp/Al 复合材料的热膨胀系数均受 SiC 颗粒尺寸变化的影响，复合材料的热膨胀系数随 SiC 颗粒尺寸减小而减小；随着温度的升高，对于添加小尺寸 SiC 颗粒的复合材料，其热膨胀系数增加的速率有小幅减小。

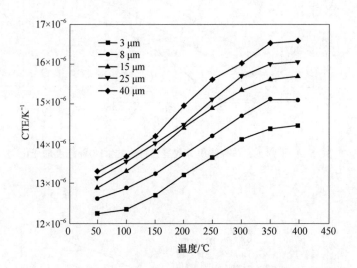

图 5-5　含不同 SiC 颗粒尺寸 SiCp/Al 复合材料在 50~400 ℃温度范围内的 CTE 变化

SiCp/Al 复合材料中，SiC 热膨胀系数约为 4.2×10^{-6} K^{-1}，其值仅为纯 Al 的 1/5 左右。SiCp/Al 复合材料的热膨胀系数主要由复合材料中 Al 基体和 SiC 颗粒本身热膨胀系数决定，也很大程度上受到 SiC 和 Al 基体的界面对基体热膨胀的制约。当温度升高时，SiCp/Al 复合材料热膨胀系数一般都会增大。究其原因，首先，温度升高时铝基体和 SiC 颗粒的热膨胀系数都增大，根据混合定律可知，复合材料的热膨胀系数也会增大；其次，当温度升高时，复合材料中 SiC 颗粒和基体 Al 界面的传载能力会下降，导致热膨胀系数变化小的 SiC 颗粒对 Al 合金基体的约束作用减弱。

5.2.4 复合材料的热膨胀系数变化分析

纯 Al 和 SiC 的热膨胀系数随着温度升高的根本原因是当温度升高时，材料中原子热运动加剧，导致原子间距变大，整体体积增大，当然与各原子间结合力的大小密切相关。对于 SiCp/Al 复合材料，在升温过程中，SiC 颗粒和 Al 合金基体的热膨胀系数差异很大，这时铝基体会受到压应力而 SiC 颗粒受到拉应力作用，这种由于热膨胀失配产生热残余应力会通过 SiC 颗粒与 Al 基体的界面区去传递应力并制约基体的膨胀，SiC 颗粒尺寸对复合材料热膨胀系数的影响主要体现在界面区，实验表明，热残余应力会降低复合材料的热膨胀系数[3]；与此同时，复合材料在承受热载荷过程中，基体会发生塑性变形，这对复合材料的热应变行为也有着重要的影响，基体的热塑性变形使复合材料的热膨胀系数增大[4]。下面从热残余应力和基体热塑性变形，定性分析 SiC 颗粒尺寸变化对材料的热膨胀行为的影响。

当 SiC 颗粒粒径增大时，根据 Brooksbank[5] 和 Vaidya[6] 的理论，假定 SiC 颗粒为球形并被金属均匀的包围着，则：

$$\sigma_{rm} = \frac{p[(a^3/r^3) - x_p]}{1 - x_p} \tag{5-2}$$

$$\sigma_{\theta m} = \frac{p(0.5a^3/r^3 + x_p)}{1 - x_p} \tag{5-3}$$

$$p = \frac{(\alpha_m - \alpha_p)\Delta T}{[0.5(1 + v_m) + (1 + 2v_m)/E_m(1 - x_p)] + [x_p(1 - 2v_p)/E_p]} \tag{5-4}$$

式中，a 为颗粒半径；r 为颗粒中心到铝基体外端的距离；σ_r 为沿着直径方向的应力；σ_θ 为周向应力；p 为界面处压力；v、E 分别为材料的泊松比和杨氏模量；x 为颗粒的体积分数；下标 p、m 分别为表颗粒和基体。

界面处的应力可表示为：

$$\sigma = \sigma_{rm} - \sigma_{\theta m} = p\frac{0.5a^3/r^3 - 2x_p}{1 - x_p} \tag{5-5}$$

从式（5-5）可以发现，SiC 颗粒与基体界面处的应力与复合材料中 SiC 颗粒的体积分数和颗粒尺寸有关。前述分析可知 SiC 颗粒的尺寸变化会极大影响应力的变化，当 SiC 颗粒尺寸增大时，铝合金基体中应力增多，那么复合材料在温度升高时释放应力增多，应变增大，导致复合材料热膨胀系数增加；同时，SiC 颗粒尺寸会影响基体中的位错密度分布，关系见 Arsenault 和 N. Shi 导出的公式。

$$\rho = \frac{Bx_p\varepsilon}{b(1 - x_p)d} \tag{5-6}$$

添加小尺寸 SiC 颗粒的复合材料，基体中位错密度高，同时在热错配作用下基体屈服强度增大，含小尺寸 SiC 颗粒的复合材料的热错配应力产生松弛相对困难，结果是材料中残留的热残余应力较高；在温度升高发生热变形时，由于含小尺寸 SiC 颗粒的 SiCp/Al 复合材料中基体屈服强度高，很大程度上制约了基体铝合金的塑性流变。

SiCp/Al 复合材料的热膨胀变化可以分为：（1）原子结构中原子间距随温度升高而引起的增量；（2）当温度变化时，铝合金基体发生热塑性松弛；（3）复合材料中的热残余应力。该材料的总变化量可表示为：

$$\Delta L = \Delta L_a + \Delta L_p - \Delta L_{RS} \tag{5-7}$$

式中，ΔL 为复合材料受热产生膨胀后的总变化量；ΔL_a 为晶格本身由于原子热运动造成的热胀冷缩量；ΔL_p 为基体发生塑性松弛所产生的变化量；ΔL_{RS} 为复合材料中由于热残余应力产生的试样伸长量。

综合以上理论，含小尺寸 SiC 颗粒的复合材料，在复合材料中产生热残余应力较大，即变化量 ΔL_{RS} 较大，并且 SiC 颗粒对基体的膨胀会起到约束作用；同时，含小尺寸 SiC 颗粒的复合材料，由于 SiC 颗粒加入对基体的间接作用下导致基体屈服强度较大，当温度发生变化时，热错配应力相对不容易发生松弛即伸长量 ΔL_p 较小。综合上述因素，在 SiC 颗粒尺寸较小时，SiCp/Al 复合材料的热膨胀系数较小。

在 SiC 颗粒体积分数相同情况下，SiC 颗粒尺寸越小，SiC 颗粒在基体中的数量就越多，相邻 SiC 颗粒的间距就越小；当温度升高时，弥散分布的 SiC 颗粒能够很好地限制基体的膨胀，所以小尺寸 SiC 颗粒增强的铝基复合材料可以减小热膨胀系数增加的速率。SiC 颗粒尺寸影响复合材料的热膨胀行为，是铝合金基体热塑性变形行为和材料热残余应力的协调作用。

5.3 复合材料的导热性能

5.3.1 复合材料导热系数的测试

导热系数 λ 是指材料直接传导热量的能力，或称热传导率。导热系数可以定义为：单位截面、单位长度的某一材料在单位温差与单位时间内能够传导的热量，其单位可表示为：W/(m·K)。导热系数的定义公式为：

$$\lambda = (\Delta Q / A\Delta t)(\Delta x / \Delta T) \tag{5-8}$$

式中，A 为导热体的横截面积；$\Delta Q / \Delta t$ 为单位时间内传导的热量；Δx 为两热源间导热体的厚度；ΔT 为温度差。

材料的热扩散率可以通过激光导热仪进行测定，图 5-6 是实验制备的 2024Al 合金在不同温度下测得的导热系数、热扩散率和比热容数据。

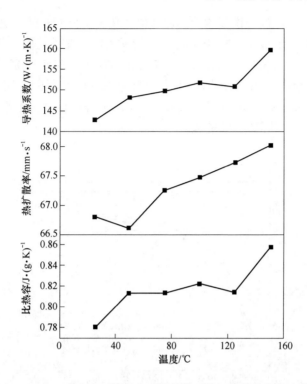

图 5-6   2024Al 合金在不同温度下的导热系数、热扩散率和比热容

利用导热系数和热扩散率间的关系式 $\lambda = c_p\rho K$（其中，λ 为材料的导热系数；c_p 为材料的比热容；ρ 为材料的密度；K 为材料的热扩散率）计算材料的导热系数。纯铝的导热系数为 220 W/(m·K)，2024Al 合金的导热系数要比纯铝的小。试验 2024Al 合金导热系数测量值为 143 W/(m·K)（室温 25 ℃条件下），在后续的计算中，复合材料的基体导热系数均取此值。

5.3.2　导热系数的理论模型分析

2024Al 合金的导热系数为 143 W/(m·K)，碳化硅的导热系数为 180 W/(m·K)。为了计算复合材料的导热系数，还需要知道 SiC 和铝基体的界面热导值，利用声子的不匹配模型计算材料的界面热阻，其表达式为：

$$h_c \approx \frac{1}{2}\rho_1 c_p \frac{c_1^3 \rho_1 \rho_2 c_1 c_2}{c_2^2(\rho_1 c_1 + \rho_2 c_2)^2} \tag{5-9}$$

式中，c_p 为金属的比热容；ρ 为密度；c 为声子的传播速度；1、2 分别为金属和增强相。

利用式（5-9）可以得到界面热阻 $h = 1.4598 \times 10^8$ W/(m²·K)。图 5-7 为含不同尺寸 SiC 颗粒 SiCp/Al 复合材料导热系数的试验值和 Rayleigh、Maxwell、

Hasselman 和 Johnson 三种模型的预测估算值。从图 5-7 中可以发现，当 SiC 颗粒粒径从 3 μm 增大到 40 μm 时，SiCp/Al 复合材料的导热系数值逐渐升高，SiC 颗粒尺寸大于 15 μm 后，导热系数升高趋势逐渐变缓。不同预测模型的计算值差别较大，Rayleigh 模型、Maxwell 模型因为没有考虑界面热阻的作用，计算结果偏差较大；Hasselman 和 Johnson 模型（H-J 模型）的理论预测值无论从最终结果还是变化趋势与试验实际值比较符合。

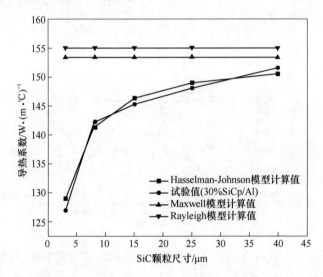

图 5-7　不同 SiC 颗粒尺寸 SiCp/Al 复合材料导热系数的试验值和理论模型的计算值

在铝合金基体中引入颗粒时会带来界面热阻，而这种界面热阻会降低颗粒的有效热导。当基体的热导低于增强相时，那么就存在着一个最小半径 a_c[7]，而这个最小半径可以通过式（5-10）计算得到。

$$a_c = \frac{\lambda_d \lambda_m}{h(\lambda_d - \lambda_m)} \tag{5-10}$$

从式（5-10）中可以看到，最小半径是个固定值，它和复合材料的体积分数无关。通过式（5-10）计算得到 SiC 最小半径为 4.8 μm，则最小的颗粒粒径为 9.6 μm。

图 5-8 是通过 H-J 模型计算的不同 SiC 颗粒体积分数和颗粒尺寸复合材料的导热系数变化。从图中可以看到，当 SiC 颗粒尺寸（如 15 μm 时）大于最小颗粒粒径 a_c 时，SiC 颗粒体积分数增加，SiCp/Al 复合材料的导热系数升高；当 SiC 颗粒尺寸（如 3 μm 时）小于最小颗粒粒径 a_c 时，SiCp/Al 复合材料的导热系数会随着 SiC 体积分数的增加而降低。这些试验结果表明，加入 SiC 颗粒尺寸小于最小粒径时，SiCp/Al 复合材料的导热系数不会因为 SiC 颗粒的增多而升高，说

明加入 SiC 颗粒后产生的界面热阻对复合材料导热性能的副作用相比于 SiC 颗粒本身的加入对于复合材料导热系数提高的正面作用要大[8]。因此，选择合适的 SiC 颗粒尺寸对提高复合材料的导热系数有着重要的意义。

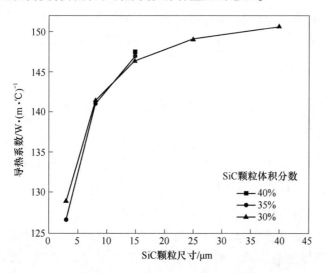

图 5-8　H-J 模型对 SiCp/Al 复合材料导热系数的预测结果

图 5-9 为前述 SiCp/Al 复合材料导热系数的实际测量值。由图 5-9 可发现，SiCp/Al 复合材料导热系数的变化规律与 H-J 模型的预测结果不大相同。当 SiC 颗粒粒径为 3 μm 时，小于最小粒径 a_c，SiC 颗粒体积分数从 30% 增大到 35%，

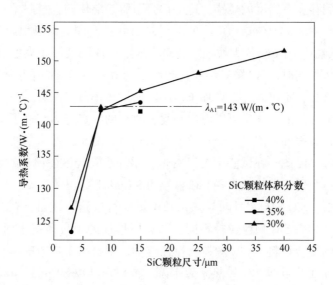

图 5-9　SiCp/Al 复合材料的实测导热系数值

导热系数降低；SiC 颗粒粒径为 8 μm 时，稍微小于最小粒径 a_c，SiC 颗粒体积分数变化、导热系数基本相同；SiC 颗粒为 15 μm 时大于最小粒径 a_c，SiC 颗粒体积分数 35% 时导热系数最大，当 SiC 颗粒体积分数为 40% 时，导热系数迅速减小。在 SiC 颗粒体积分数相同时，SiC 颗粒尺寸对复合材料导热系数的影响关系与预测结果一致，SiC 颗粒尺寸增大，复合材料的导热系数增加。

5.3.3 导热机制分析

固体的总的导热系数 λ 是由各种导热载体对导热的贡献叠加而成。材料的导热系数可表示为：

$$\lambda = \frac{1}{3} \sum_{i} c_i v_i l_i \tag{5-11}$$

式中，下标 i 为导热载体的类型；c_i 为导热载体的比热容；v_i 为导热载体运动的速率；l_i 为平均自由程。

在试验中，由于基体 2024Al 合金中含有部分合金元素铜和镁，自由电子和声子均对其热导率有贡献，而碳化硅颗粒中主要是声子对导热起作用。因此 SiCp/Al 复合材料中导热载体包括自由电子和声子，尤其是声子传输热能的能力直接影响复合材料导热性能的优劣。

在实际材料中，界面对 SiCp/Al 复合材料导热性能影响很大，几何界面会阻碍声子和自由电子传输热能，降低复合材料的导热能力。

从前面的介绍中知道，SiCp/Al 复合材料界面有反应产物还有非晶层，在界面处也观察到存在高密度的位错，这些都会阻碍热能传输，材料中存在的缺陷同样会对声子产生散射。位错对声子的散射是由其长范围应力场引起的[9]。比如，3 μm 的小颗粒比 40 μm 的大粒径颗粒对应的单位体积表面积大近 30 倍，在 SiC 颗粒体积分数相同时，SiC 颗粒的粒径越小，则材料中形成的单位体积表面积大，界面面积的增加，不可避免地增加了声子间碰撞概率。

从式 (5-11) 的表述中可以看出，复合材料的导热能力与声子平均自由程成正比，如果在界面和缺陷等的影响下，平均自由程减小，那么最终导致复合材料导热性能下降。因此，在试验中可以发现，添加小粒径 SiC 颗粒的 SiCp/Al 复合材料，导热系数低于添加大粒径 SiC 颗粒的 SiCp/Al 复合材料。

综上分析，SiC 颗粒尺寸对导热系数的影响可以这样理解，在 SiC 颗粒体积分数相同时，如果 SiC 颗粒粒径不同，那么所形成的单位体积表面积也会不同。在试验制备的复合材料中 SiC 颗粒的粒径越小，则材料中形成的单位体积表面积越大，造成界面热阻增大，导热系数下降。而对于 40%SiCp(15 μm)/Al 复合材料，其 SiC 颗粒尺寸为 15 μm，高于最小粒径；当 SiC 体积分数增加到 40%，导热系数却出现下降，并且低于基体的导热系数，与材料的致密度低、界面结合差和缺陷较多有关。

图 5-10 为 SiCp/Al 复合材料的导热系数随温度的变化情况。虽然添加 SiC 颗粒尺寸可以影响导热系数的大小，但当温度升高时，SiC/Al 复合材料导热系数均出现下降。试验中，铝基体和 SiC/Al 复合材料随温度变化导热系数的变化情况与 Geiger[10] 的测量结果一致，其原因仍然主要考虑声子的作用。声子平均自由程随温度的变化类似于气体分子运动中的情况，随温度升高而降低，声子-声子交互作用在 SiCp/Al 材料的热传导中起主要作用，而平均自由程受温度变化的影响很大，温度升高会增加复合材料中的声子密度，声子密度的增加必然加大声子间碰撞概率，造成声子平均自由程下降，最终导致 SiC/Al 复合的导热系数下降。除此之外，在温度从室温升到 50 ℃ 左右时，有一段导热系数的轻微增加，可以认为是由于复合材料显微结构的变化。当温度从室温升高到 50 ℃ 时，复合材料中原本存在的裂纹或者 SiC 颗粒与基体间，尤其是 SiC 颗粒集中的地方产生的间隙逐渐愈合；同时，复合材料的热膨胀，尤其是基体铝合金的膨胀会部分消除制备中形成的残余空隙，所有这些影响可以在一定程度上降低缺陷对声子所产生的散射作用[11]，使得导热系数轻微升高。

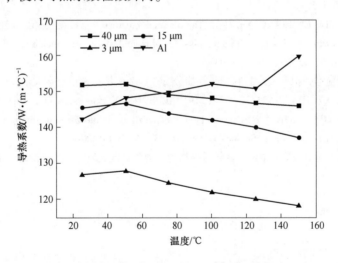

图 5-10　铝基体和含 30%SiCp/Al 复合材料导热系数随温度的变化

综上分析，当添加的 SiC 颗粒尺寸增加时，复合材料的导热系数会增大。在兼顾其他性能的基础上，选择大的 SiC 颗粒对提高热导率大有帮助；但是颗粒也不能选得太大，因为大颗粒的加入很有可能在制备过程中使颗粒本身产生裂纹等缺陷，不仅影响导热性能，还会大幅影响复合材料的力学性能。因此，以上这些因素应该综合考虑。

参 考 文 献

[1] 权高峰, 柴东朗. 复合材料中增强粒子与基体中微观应力和残余应力分析 [J]. 复合材料学报, 1995, 12 (3): 70-75.

[2] ZAHL D B, MCMEEKING R M. The influence of residual stress on the yielding of metal matrix composites [J]. Acta Metallurgica et Materialia, 1991, 39 (6): 1117-1122.

[3] KIM B G, DONG S L, PARK S D. Effects of thermal processing on thermal expansion coefficient of a 50 vol. % SiCp/Al composite [J]. Materials Chemistry and Physics, 2001, 72 (1): 42-47.

[4] OLSSON M, GIANNAKOPOULOS A E, SURESH S. Elastoplastic analysis of thermal cycling: Ceramic particles in a metallic matrix [J]. Journal of the Mechanics and Physics of Solids, 1995, 43 (10): 1639-1671.

[5] BROOKSBANK D. Thermal expansion of calcium aluminate inclusions and relation to tessellated stresses [J]. Journal of Iron Steel Research International, 1970, 208 (5): 495-499.

[6] VAIDYA R U, CHAWLA K K. Thermal expansion of metal-matrix composites [J]. Composites Science and Technology, 1994, 50 (1): 13-22.

[7] BENVENISTE Y, MILOH T. The effective conductivity of composites with imperfect thermal contact at constituent interfaces [J]. International Journal of Engineering Science, 1986, 24 (9): 1537-1552.

[8] CHU K, JIA C, LIANG X, et al. The thermal conductivity of pressure infiltrated SiCp/Al composites with various size distributions: Experimental study and modeling [J]. Materials & Design, 2009, 30 (9): 3497-3503.

[9] 王寅. 颗粒增强铝基复合材料导热性能分析 [D]. 南昌: 南昌航空大学, 2010.

[10] GEIGER A L, HASSELMAN D P H, DONALDSON K Y. Effect of reinforcement particle size on the thermal conductivity of a particulate silicon carbide-reinforced aluminium-matrix composite [J]. Journal of Materials Science Letters, 1993, 12 (6): 420-423.

[11] 李宏. 2.5 维碳/碳化硅复合材料的热物理及力学性能 [D]. 西安: 西北工业大学, 2007.

6 SiCp/Al 复合材料的热加工性能

6.1 引   言

高温压缩特性研究有助于深入了解复合材料的热加工性能。为了解 SiCp/Al 复合材料的高温变形特点及不同尺寸和体积分数 SiC 颗粒对复合材料热变形行为的影响规律，从而为 SiCp/Al 复合材料热加工性能的研究和应用提供理论和实践依据，本章将通过研究材料的热压缩变形行为探究 SiCp/Al 材料在热变形中热变形温度、应变速率和流变应力的关系，通过计算复合材料的表观激活能，推导 SiCp/Al 复合材料的热变形本构方程来描述它们的关系，并验证本构方程的准确性；通过观察分析热变形引起的组织演变与性能变化之间的规律，对 SiCp/Al 复合材料的高温变形机制进行初步讨论；采用动态材料模型理论在实验基础上建立材料的热加工图，兼顾考虑不同变形条件下的微观组织，提出不同 SiCp/Al 复合材料热加工工艺参数；采用加工硬化率方法，研究 SiCp/Al 复合材料动态再结晶的临界条件并利用计算结果分别建立不同 SiCp/Al 复合材料动态再结晶临界应变预测模型，全面分析 SiC 颗粒体积分数、粒径大小等对复合材料热变形力学行为、变形组织、适宜加工区域及动态再结晶临界应变的影响。

6.2 SiCp/Al 复合材料的热变形流变行为

6.2.1 真应力-真应变曲线

真应力-真应变曲线直观地反映了热变形过程中流变应力与应变速率和变形温度之间的影响关系，是复合材料内部组织发生变化后的宏观表现。图 6-1 为 30%（体积分数）SiCp(40 μm)/Al 复合材料热压缩过程中的真应力-真应变曲线。从图中可以看到，不同温度和应变速率条件下，所得到的真应力-真应变曲线各不相同，但一般都是随应变的增加表现出快速硬化+持续软化+稳态流变的行为特征。该流变应力曲线具有以下三个特征：

（1）变形条件（变形温度和应变速率）明显影响材料的流变应力。在实验范围内，所有流变应力均随应变速率的增加而升高，随温度的升高而降低。

（2）流变曲线存在一个初始应变强化阶段。当真应力达到峰值应力后，对于低应变速率情况，随后进入稳态流变阶段；对于高应变速率情况，随后进入动态软化阶段。

（3）当变形温度和应变速率发生变化后，应力峰值对应的应变也会不同；当变形温度升高或者应变速率减小时，达到峰值应力所需的真应变减小。

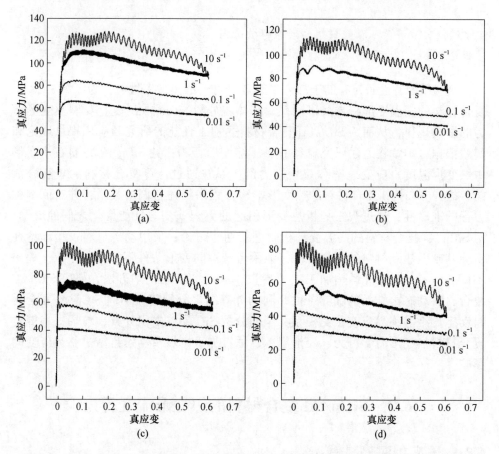

图 6-1　30%SiCp(40 μm)/Al 复合材料不同应变速率及不同温度下的真应力-真应变曲线

(a) 350 ℃；(b) 400 ℃；(c) 450 ℃；(d) 500 ℃

6.2.1.1　变形温度对流变应力的影响

变形温度对流变应力的影响有：

（1）由于复合材料中 SiC 颗粒的存在，使得 Al 合金基体在变形初始阶段在 SiCp 周围就会产生局部塑性变形，迅速产生大量位错，不同位错及位错与 SiC 颗粒间交互作用，因此位错运动的阻力急剧增大，宏观表现为加工硬化，在变形温度较低时更为明显；随变形程度的进一步增加，变形储存能大到一定程度成为再结晶驱动力，同时位错在热激活和外加应力作用下发生合并重组促使材料发生动态回复和动态再结晶而软化，在此过程中，材料的软化作用会部分抵消加工硬化作用，流变应力的增速变缓。当动态回复和动态再结晶产生的软化作用和加工硬化作用达到平衡后，此时复合材料表现出真应力达到最大值；此后，动态回复和动态再结晶持续发生，引起的材料软化与变形程度继续增加，引起的加工硬化与软化过程交替进行；随着材料变形量继续增大，复合材料中发生动态回复和动态再结晶的体积分数也逐渐增大，动态软化和加工硬化之间的作用变弱；最后，流变应力曲线趋于动态平衡。

（2）应变速率相同时，变形温度升高，复合材料的峰值应力及稳态流变应力均会降低，当温度升高后这种影响会减小；变形温度升高会引起原子动能和位错活性提高，晶粒间的变形协调性变好，温度较高时动态回复和动态再结晶发生概率大，产生明显的动态软化，起到降低流变应力的作用。

（3）在变形温度较高、应变速率较低的条件下，复合材料发生软化的主要机制表现为回复，其在真应力-真应变曲线上表现为达到峰值应力后流变应力大小基本不再随着应变的增加而变化；在变形温度较低、应变速率较大时，动态再结晶是复合材料发生软化的主要机制，其在真应力-真应变曲线上表现为达到峰值应力后流变应力随着应变的增加会迅速减小，然后进入稳态流变阶段。

（4）复合材料在受力产生变形时消耗大量能量，这些能量大部分会转化为热能，当然也有一小部分保留在金属中[1]；如果复合材料变形时其应变速率很大，热量由于在急速的变形中无法立即散失，便会造成试样的温度不断升高，在这部分附加温度升高的作用下，应力逐渐下降，甚至不能进入稳态流变阶段。

6.2.1.2 应变速率对复合材料流变应力的影响

仔细观察复合材料的真应力-真应变曲线可以发现，当变形温度不变时，应变速率增大，材料的流变应力会相应增大，很明显与变形加快后体内的位错密度增加较快相关；严格来说，这是变形引起的位错密度增加速率和动态回复导致的位错密度降低速率共同作用的结果，具体的定性描述可以用式（6-1）表示[2-4]。

$$\frac{\mathrm{d}\rho}{\mathrm{d}\varepsilon} = U - \Omega\rho \qquad (6\text{-}1)$$

式中，U 为形成不可动位错的速率，此位错的形成速率与变形时应变速率的变化影响关系较弱；ρ 为位错密度；Ω 为不可动位错的回复概率。

对式（6-1）积分可得：

$$\rho = \rho_0 \exp(-\Omega\varepsilon) + \frac{U}{\Omega}[1 - \exp(-\Omega\varepsilon)] \tag{6-2}$$

式中，ρ_0 为初始位错密度。

$$d\rho/d\varepsilon = 0, \quad \rho_s = U/\Omega$$

式中，ρ_s 为复合材料加工硬化引起外延的饱和位错密度，与其相应的应力表示为 $\sigma_s = \alpha\mu b\sqrt{U/\Omega}$。

用应力和位错的经典关系可把它们的关系表示为：

$$\sigma = \left\{\sigma_0^2\exp(-\Omega\varepsilon) + (\alpha\mu b)^2\frac{U}{\Omega}[1 - \exp(-\Omega\varepsilon)]\right\}^{0.5} \tag{6-3}$$

或

$$\sigma = [\sigma_s^2 + (\sigma_0^2 - \sigma_s^2)\exp(-\Omega\varepsilon)]^{0.5} \tag{6-4}$$

式中，σ_0 为初始应力，$\sigma_0 = \alpha\mu b\sqrt{\rho_0}$。

由式（6-3）和式（6-4）可知，不可动位错回复概率 Ω 增大，材料的流变应力会降低，而随着不可动位错形成速率 U 增大，材料的流变应力会增大；当变形温度相同时，应变速率增大，复合材料基体中位错的增殖速率也会相应变大，但复合材料基体中不可动位错回复概率则随着应变速率的增大而降低。

其余 SiCp/Al 复合材料如 30%SiCp（15 μm）/Al、30%SiCp（8 μm）/Al、30%SiCp（3 μm）/Al 和 35%SiCp（8 μm）/Al 复合材料的真应力-真应变曲线，如图 6-2~图 6-5 所示。从图 6-2~图 6-5 所示的流变应力曲线中可以看出，虽然 SiC 颗粒尺寸和体积分数发生变化，但各种材料真应力-真应变曲线变化规律相似，均出现了峰值应力，均对变形温度和应变速率敏感，流变应力均随变形温度的上升和应变速率的下降而增大，基本上都发生了动态再结晶行为。

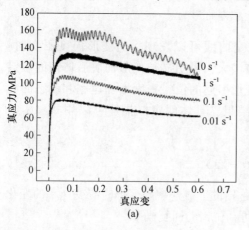
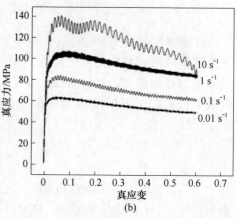

(a)　　　　　　　　　　　　　(b)

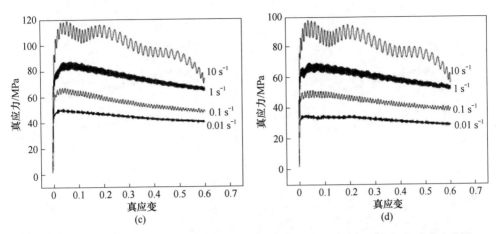

图 6-2　30%SiCp(15 μm)/Al 复合材料不同应变速率及不同温度下的真应力-真应变曲线

(a) 350 ℃；(b) 400 ℃；(c) 450 ℃；(d) 500 ℃

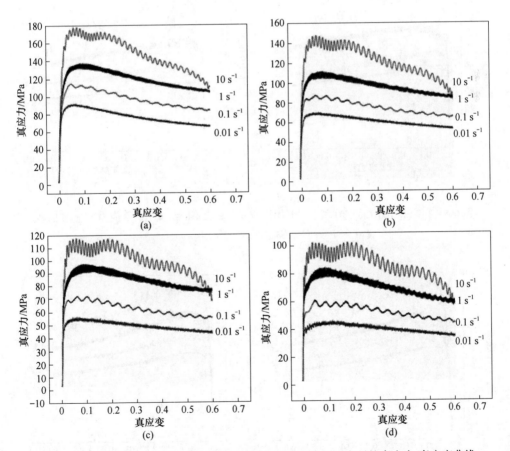

图 6-3　30%SiCp(8 μm)/Al 复合材料不同应变速率及不同温度下的真应力-真应变曲线

(a) 350 ℃；(b) 400 ℃；(c) 450 ℃；(d) 500 ℃

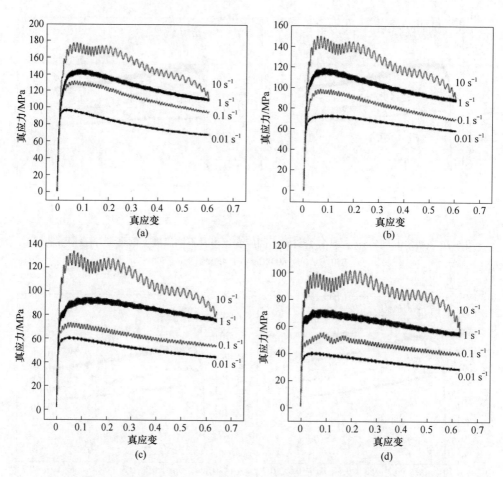

图 6-4   30%SiCp(3 μm)/Al 复合材料不同应变速率及不同温度下的真应力-真应变曲线
(a) 350 ℃；(b) 400 ℃；(c) 450 ℃；(d) 500 ℃

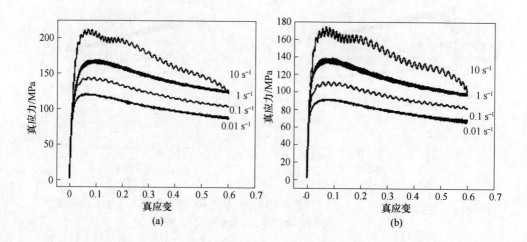

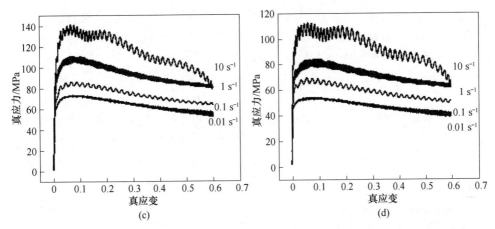

图 6-5 35%SiCp(8 μm)/Al 复合材料不同应变速率及不同温度下的真应力-真应变曲线

(a) 350 ℃；(b) 400 ℃；(c) 450 ℃；(d) 500 ℃

SiC 颗粒尺寸和体积分数对 SiCp/Al 复合材料流变应力的影响如图 6-6 所示，随着添加 SiC 颗粒尺寸的减小和体积分数的增加，流变应力相应增大。SiC 颗粒会通过两种方式影响复合材料的热变形行为，首先，不同 SiC 颗粒与位错相互作用效果不同，改变了材料的屈服强度和加工硬化率；其次，SiC 颗粒可以阻碍大角晶界和小角晶界的运动，而 SiC 颗粒尺寸减小和体积分数增大均使得阻碍晶界运动明显，会增大变形抗力。

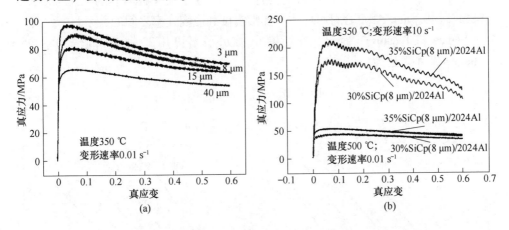

图 6-6 不同 SiC 颗粒尺寸和体积分数对真应力-真应变曲线的影响

(a) 不同 SiC 颗粒尺寸；(b) 不同 SiC 颗粒体积分数

6.2.2 热变形本构方程的建立及验证

热加工中材料的流变行为通常可以借助本构方程，将流变应力在数学上描述成真应变、真应变速率和温度等因素的函数。本构方程实际上反映材料的宏观力学表现对热力学参数变化时的动态响应，建立准确反映材料变形的本构方程，对于了解材料在加工过程中的流变行为非常重要。

6.2.2.1　热变形本构方程的求解方法

从热变形试验自动获取的真应力和真应变数据中，选取相应的应变速率和温度条件下的真应力来建立本构方程。唯象本构方程是常用于描述铝基复合材料流变应力与应变速率关系的模型，在低应力和高应力水平下，唯象本构方程表述材料的不同变形温度 T、应变速率 $\dot{\varepsilon}$ 和流变应力 σ 的数学关系一般用式（6-5）和式（6-6）来描述[5]。

$$\dot{\varepsilon} = A_1 \sigma^{n'} \exp\left(-\frac{Q}{RT}\right) \qquad (\alpha\sigma < 0.8) \tag{6-5}$$

$$\dot{\varepsilon} = A_2 \exp(\beta\sigma) \exp\left(-\frac{Q}{RT}\right) \qquad (\alpha\sigma > 1.2) \tag{6-6}$$

式中，A_1、A_2、α、n'、β 均为与温度无关的材料常数；$\dot{\varepsilon}$ 为应变速率，s^{-1}；T 为变形温度，K；Q 为材料的热变形激活能，kJ/mol；R 为摩尔气体常数；σ 为流变应力，可以表示任意指定应变量时对应的应力。

试验采用真应变为 0.5 时的流变应力。图 6-7 为求解本构方程各参数时 30%SiCp(40 μm)/Al 复合材料应力、变形温度和应变速率之间的关系。

Sellars 和 Teganrt[6] 提出，在所有应力水平下可用双曲正弦形式修正的 Arrhenius 关系表达为：

$$\dot{\varepsilon} = A \left[\sinh(\alpha\sigma)\right]^n \exp\left(-\frac{Q}{RT}\right) \tag{6-7}$$

式（6-7）中的常数 α 与 n'、β 的关系为 $\alpha = \beta/n'$。

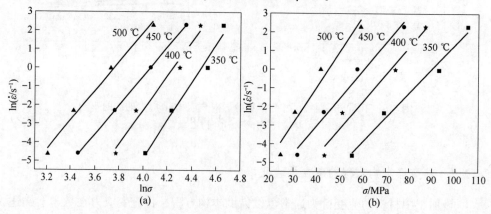

(a)　　　　　　　　　　　　　　　(b)

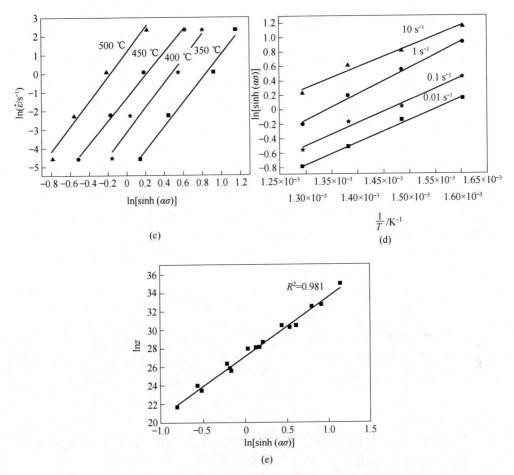

图 6-7 30%SiCp(40 μm)/Al 复合材料应力、变形温度和应变速率之间的关系

(a) $\ln\dot{\varepsilon} - \ln\sigma$; (b) $\ln\dot{\varepsilon} - \sigma$; (c) $\ln\dot{\varepsilon} - \ln[\sinh(\alpha\sigma)]$;

(d) $\ln[\sinh(\alpha\sigma)] - 1/T$; (e) $\ln Z - \ln[\sinh(\alpha\sigma)]$

Zener 和 Holloomon[7]提出，用参数 Z 表示热变形时应变速率 $\dot{\varepsilon}$、温度 T 的关系并进行了试验验证，Zener-Holloomon 参数的定义为：

$$\sigma = \sigma(Z, \dot{\varepsilon}) \tag{6-8}$$

Z 和 σ 之间服从如下关系式：

$$Z = \dot{\varepsilon}\exp[Q/(RT)] = A[\sinh(\alpha\sigma)]^n \tag{6-9}$$

式中，A、n、α、Q 均为材料常数。

分别对式（6-5）和式（6-6）进行自然对数运算，可得：

$$\ln\dot{\varepsilon} = \ln A_1 - \frac{Q}{RT} + n'\ln\sigma \tag{6-10}$$

$$\ln\dot{\varepsilon} = \ln A_2 - \frac{Q}{RT} + \beta\sigma \tag{6-11}$$

由式（6-10）和式（6-11）可知，n' 和 β 分别代表直线 $\ln\dot{\varepsilon} - \ln\sigma$ 和 $\ln\dot{\varepsilon} - \sigma$ 的斜率；取图 6-7（a）中应力较低的两条直线斜率的平均值表示 n' 值；取图 6-7（b）中应力较高的两条直线斜率的平均值表示 β 值，由 $\alpha = \beta/n'$ 可得到 $\alpha = 0.018$。对式（6-7）两侧取自然对数，可以得到：

$$\ln\dot{\varepsilon} = \ln A - Q/RT + n\ln[\sinh(\alpha\sigma)] = A' + n\ln[\sinh(\alpha\sigma)] \tag{6-12}$$

将不同温度下流变应力和应变速率值代入式（6-12），可绘制出相应的曲线 $\ln\dot{\varepsilon} - \ln[\sinh(\alpha\sigma)]$ 图，如图 6-7（c）所示。回归分析表明，各温度下 $\ln\dot{\varepsilon} - \ln[\sinh(\alpha\sigma)]$ 之间的线性相关系数均大于 0.986，如复合材料在某一温度下应变速率和流变应力之间的关系可用双曲正弦函数关系描述。

当材料变形应变速率一定时，并且假设在一定温度范围内热变形激活能 Q 不变，可以由式（6-9）得到以下关系：

$$\ln[\sinh(\alpha\sigma)] = A_3 + B\frac{1000}{T} \tag{6-13}$$

将不同应变速率下，应变量为 0.5 时的流变应力代入，再用最小二乘法线性回归，可绘制出相应的 $\ln[\sinh(\alpha\sigma)] - 1/T$ 图，如图 6-7（d）所示。回归分析表明，不同应变速率下 $\ln[\sinh(\alpha\sigma)] - 1/T$ 之间的线性相关系数均大于 0.974，材料在某一应变速率下变形温度和流变应力之间的关系可用这种双曲正弦函数关系描述。

下面计算 SiCp/Al 复合材料的平均变形激活能 Q。在一定的温度和应变速率下，对式（6-7）两边取自然对数的偏微分得到：

$$Q = R\frac{\partial\ln[\sinh(\alpha\sigma)]}{\partial(1/T)}\bigg|_{\dot{\varepsilon}} \frac{\partial\ln\dot{\varepsilon}}{\partial\ln[\sinh(\alpha\sigma)]}\bigg|_{T} \tag{6-14}$$

式中，右边第一项为 $\ln\dot{\varepsilon} - \ln[\sinh(\alpha\sigma)]$ 关系曲线的斜率，其平均值假设表示为 S；第二项为 $\ln[\sinh(\alpha\sigma)] - 1/T$ 曲线的斜率，假设其平均值都表示为 n。

将它们代入式（6-14）可求得平均变形激活能 Q 值。

对式（6-9）两边取自然对数得到：

$$\ln Z = \ln A + n\ln[\sinh(\alpha\sigma)] \tag{6-15}$$

将 Q 值和变形条件代入式（6-9）可以求出不同条件下的温度补偿应变速率 Z 值，然后可以表示出 $\ln Z$ 与 $\ln[\sinh(\alpha\sigma)]$ 曲线，如图 6-7（e）所示。通过线性回归可以发现，$\ln Z$ 和含流变应力 σ 的 $\ln[\sinh(\alpha\sigma)]$ 满足线性关系（相关系数 0.981），说明 30%SiCp(40 μm)/Al 复合材料在高温压缩变形时的流变应力行为可用包含 Arrhenius 项的 Z 参数的双曲正弦函数来描述，也可以看到变形激活能会影响材料的流变行为；$\ln Z$ 与 $\ln[\sinh(\alpha\sigma)]$ 回归直线的斜率为应力指数 n

值，截距为 lnA 也可求出。求解后复合材料常数分别为：平均变形激活能 $Q=$ 169.139 kJ/mol，结构因子 $\ln A=27.096$，平均应力指数 $n=6.458$，平均应力水平参数 $\alpha=0.018$ MPa^{-1}。将 Q、α、n、A 等各个求解得到的参数值代入式（6-7）和式（6-9），得到 30%SiCp（40 μm）/Al 复合材料热压缩变形时的 Arrhenius 方程为：

$$\dot{\varepsilon}=e^{27.096}\left[\sinh(0.018\sigma)\right]^{6.458}\exp\left[-169.14\times10^{3}/(RT)\right] \qquad (6-16)$$

$$Z=\dot{\varepsilon}\exp\left[169.14\times10^{3}/(RT)\right] \qquad (6-17)$$

按照相同的方法求解另外四种 SiCp/Al 复合材料（如 30%SiCp（15 μm）/Al、30%SiCp（8 μm）/Al、30%SiCp（3 μm）/Al 和 35%SiCp（8 μm）/Al）的热力学参数，求解本构方程各参数时不同复合材料应力、变形温度和应变速率之间的关系，如图 6-8~图 6-11 所示。表 6-1 为不同 SiCp/Al 复合材料求解本构方程中的参数值。由表 6-1 中所求的参数，可以得到 SiCp/Al 复合材料的本构方程，见表 6-2。

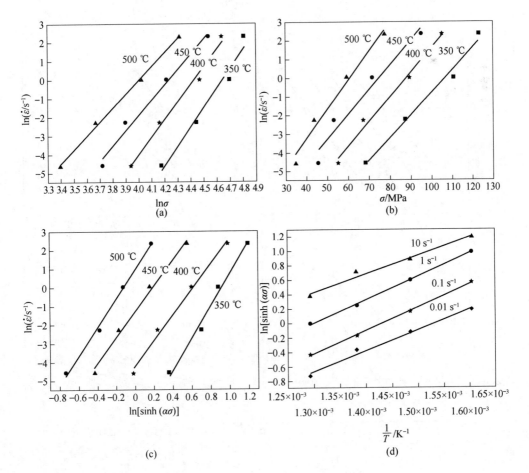

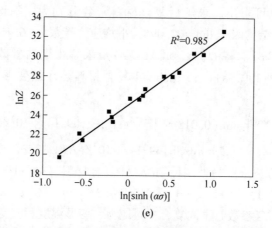

(e)

图 6-8 30%SiCp(15 μm)/Al 复合材料应力、变形温度和应变速率之间的关系

(a) $\ln\dot{\varepsilon} - \ln\sigma$; (b) $\ln\dot{\varepsilon} - \sigma$; (c) $\ln\dot{\varepsilon} - \ln[\sinh(\alpha\sigma)]$;

(d) $\ln[\sinh(\alpha\sigma)] - 1/T$; (e) $\ln Z - \ln[\sinh(\alpha\sigma)]$

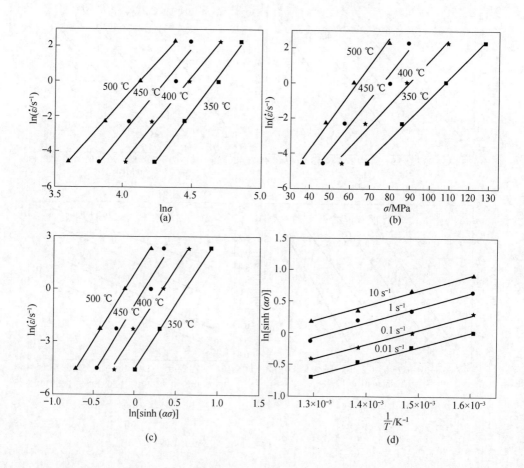

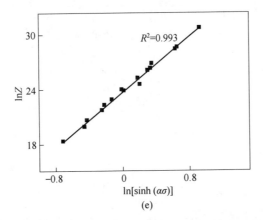

图 6-9　30%SiCp(8 μm)/Al 复合材料应力、变形温度和应变速率之间的关系

(a) $\ln\dot{\varepsilon} - \ln\sigma$;　(b) $\ln\dot{\varepsilon} - \sigma$;　(c) $\ln\dot{\varepsilon} - \ln[\sinh(\alpha\sigma)]$;

(d) $\ln[\sinh(\alpha\sigma)] - 1/T$;　(e) $\ln Z - \ln[\sinh(\alpha\sigma)]$

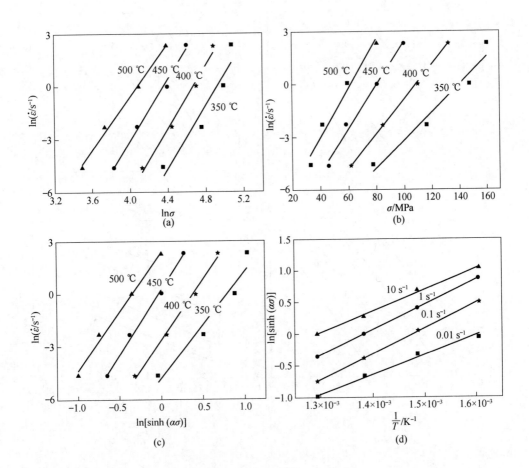

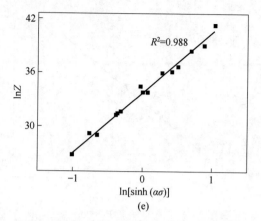

图 6-10 30%SiCp(3 μm)/Al 复合材料应力、变形温度和应变速率之间的关系

(a) $\ln\dot{\varepsilon} - \ln\sigma$; (b) $\ln\dot{\varepsilon} - \sigma$; (c) $\ln\dot{\varepsilon} - \ln[\sinh(\alpha\sigma)]$;
(d) $\ln[\sinh(\alpha\sigma)] - 1/T$; (e) $\ln Z - \ln[\sinh(\alpha\sigma)]$

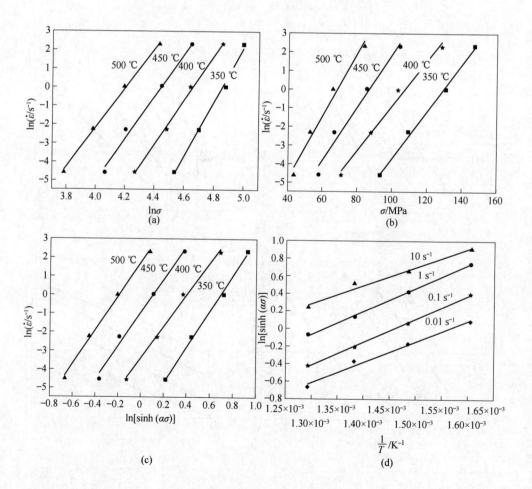

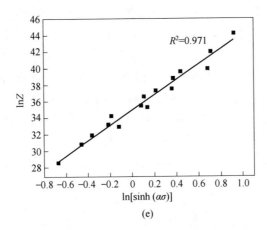

(e)

图 6-11　35%SiCp(8 μm)/Al 复合材料应力、变形温度和应变速率之间的关系

(a) $\ln\dot{\varepsilon} - \ln\sigma$；(b) $\ln\dot{\varepsilon} - \sigma$；(c) $\ln\dot{\varepsilon} - \ln[\sinh(\alpha\sigma)]$；

(d) $\ln[\sinh(\alpha\sigma)] - 1/T$；(e) $\ln Z - \ln[\sinh(\alpha\sigma)]$

表 6-1　SiCp/Al 复合材料本构方程的主要参数

编号	材料	α/MPa^{-1}	n	$Q/\text{kJ} \cdot \text{mol}^{-1}$	$\ln A$
I	30%SiCp(3 μm)/Al	0.011	6.702	197.546	33.688
II	30%SiCp(8 μm)/Al	0.013	9.290	182.206	29.372
III	30%SiCp(15 μm)/Al	0.015	7.489	178.286	28.270
IV	30%SiCp(40 μm)/Al	0.018	6.458	169.139	27.096
V	35%SiCp(8 μm)/Al	0.010	9.217	214.932	34.929

表 6-2　SiCp/Al 复合材料本构方程

材料	本构方程
30%SiCp(3 μm)/Al	$\dot{\varepsilon} = e^{33.688}\left[\sinh(0.011\sigma)\right]^{6.702}\exp\left[-197.55 \times 10^3/(RT)\right]$
30%SiCp(8 μm)/Al	$\dot{\varepsilon} = e^{29.372}\left[\sinh(0.013\sigma)\right]^{9.290}\exp\left[-182.21 \times 10^3/(RT)\right]$
30%SiCp(15 μm)/Al	$\dot{\varepsilon} = e^{28.270}\left[\sinh(0.015\sigma)\right]^{7.489}\exp\left[-178.29 \times 10^3/(RT)\right]$
30%SiCp(40 μm)/Al	$\dot{\varepsilon} = e^{27.096}\left[\sinh(0.018\sigma)\right]^{6.458}\exp\left[-169.14 \times 10^3/(RT)\right]$
35%SiCp(8 μm)/Al	$\dot{\varepsilon} = e^{34.929}\left[\sinh(0.010\sigma)\right]^{9.217}\exp\left[-214.93 \times 10^3/(RT)\right]$

从表 6-1 可以看出，应变量为 0.5 时，不同 SiCp/Al 材料的平均变形激活能均明显高于纯铝的自扩散激活能（142 kJ/mol），SiCp/Al 激活能较高的原因是复合材料中 SiCp 的存在。在变形过程中，SiCp 钉扎位错并阻碍晶界的运动，基体材料流动变得困难，从而提高了材料的变形抗力，使得材料变形所需的激活能增大。SiCp/Al 复合材料的热变形激活能随着 SiCp 含量的增加及粒径的减小而增加。由于 SiC 颗粒硬度很高，在材料运动中会阻碍晶界运动，其含量越高则在晶界分布越多、阻碍作用越强。在相同 SiC 颗粒体积含量下，SiC 颗粒粒径越小，则界面面积越大，与铝基体的接触面积也越大，从而增加了对变形的阻力。

6.2.2.2 热变形本构方程的验证

通过对本构方程的计算值与试验值进行比较，验证上一节中建立 SiCp/Al 复合材料的本构方程的准确性。图 6-12 为不同 SiC 颗粒体积分数和尺寸的 SiCp/Al 复合材料在应变量为 0.5 处应力的本构方程计算值与试验值的对比图，所求得本构方程的计算值与试验值整体的吻合精度较高。

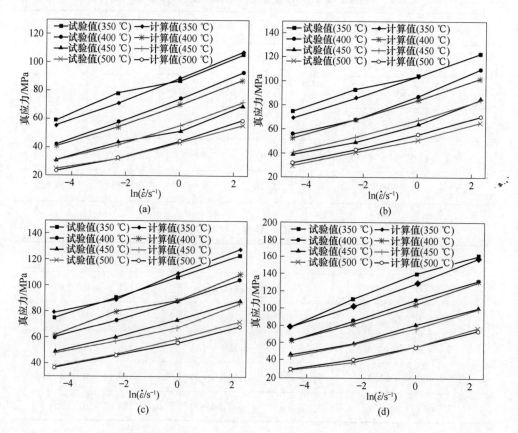

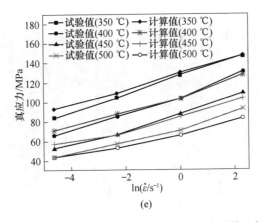

(e)

图 6-12 SiCp/Al 复合材料应力计算值与实测值比较

(a) 30%SiCp(40 μm)/Al；(b) 30%SiCp(15 μm)/Al；(c) 30%SiCp(8 μm)/Al；

(d) 30%SiCp(3 μm)/Al；(e) 35%SiCp(8 μm)/Al

6.2.3 复合材料热变形中 OM 观察

6.2.3.1 热变形条件对复合材料微观组织的影响

材料的高温变形行为是在微观变形机制及变形过程中组织结构演变的宏观反映。图 6-13 为变形量 50%、应变速率 1 s⁻¹、不同热变形温度条件下 30%SiCp (40 μm)/Al 复合材料热变形显微组织的 OM 观察结果。从图 6-13（a）中可以看出，变形温度为 350 ℃时，部分晶粒拉长变形，晶粒大小很不均匀，表明材料组织变形并不均匀，位向比较有利于变形的晶粒首先产生变形，如果某一区域积蓄能量能够达到动态再结晶所需的临界值，在此位置会发生再结晶形核后逐渐长大；图 6-13（b）为变形温度为 400 ℃时的组织，此时基体组织中动态再结晶晶粒比 350 ℃时有一定数量的增加，晶粒尺寸也比在 350 ℃时的增大，总体上晶粒分布仍然不均匀。

(a)   (b)

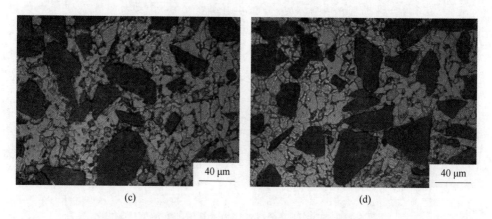

(c)   (d)

图 6-13   不同变形温度下 SiCp/Al 复合材料的热变形组织

(变形量 50%, 应变速率 1 s^{-1})

(a) 350 ℃; (b) 400 ℃; (c) 450 ℃; (d) 500 ℃

当温度为 450 ℃时, 如图 6-13 (c) 所示, 大多数晶粒分布比较均匀, 变成等轴状。原因是较高变形温度下, 可开启的滑移系增多, 变形加快; 变形温度达到 500 ℃时, 细小晶粒减少, 大部分形成较为规则的晶粒, 说明此温度条件下已经产生了比较充分的动态再结晶, 晶粒充分长大。

图 6-14 为变形量 50%、热变形温度 450 ℃、不同应变速率条件下复合材料热变形显微组织的 OM 观察结果。从图 6-14 (a) 中可以看出, 当应变速率为 10 s^{-1}时, 晶粒被拉长, 出现部分细小晶粒, 说明在该条件下也发生了部分动态再结晶, 但晶粒没有充分的时间长大。应变速率为 0.01 s^{-1}时, 如图 6-14 (b)

(a)   (b)

图 6-14   SiCp/Al 复合材料在不同应变速率下的显微组织

(变形量 50%, 应变温度 450 ℃)

(a) 10 s^{-1}; (b) 0.01 s^{-1}

所示，动态再结晶晶粒较粗大，且分布也较均匀。这是因为在低应变速率条件下，晶粒有充分的时间变形，动态再结晶有足够的时间完成形核长大[8]，最终获得分布较均匀的组织。

6.2.3.2　SiC 颗粒尺寸对复合材料变形组织的影响

SiC 颗粒与位错相互作用，改变基体的屈服强度和加工硬化率，与 SiC 颗粒的尺寸大小有关；SiC 颗粒会影响大角晶界和小角晶界的运动，进而影响动态回复过程。在铝基复合材料中位错将会在微米级颗粒附近发生塞积，形成颗粒变形区，这个区域是再结晶形核和长大的理想位置[9]。

图 6-15 为变形温度为 450 ℃、应变速率为 0.1 s^{-1} 条件下 15 μm 和 40 μm SiC 颗粒添加 30%（体积分数）SiCp/Al 复合材料光学显微组织照片，动态再结晶（DRX）优先在颗粒附近区域发生；SiC 颗粒尺寸越小，再结晶晶粒越小。在热压缩变形过程中，复合材料中的 SiC 颗粒首先会促使 DRX 晶粒形核和长大，当晶粒逐渐长大到与 SiC 颗粒相接触时，SiC 颗粒反过来会阻碍 DRX 晶粒长大。正因为如此，复合材料中 SiC 颗粒体积分数增大或者 SiC 颗粒尺寸减小时，这种阻碍作用得到加强，从而导致 DRX 晶粒减小。

(a)　　　　　　　　　　　　　　　(b)

图 6-15　30% SiCp/Al 复合材料的光学显微组织

（变形温度 450 ℃，应变速率 0.1 s^{-1}）

(a) 15 μm SiC 颗粒；(b) 40 μm SiC 颗粒

利用 TEM 对复合材料压缩变形后不同尺寸 SiC 颗粒附近的组织进行了观察，如图 6-16 所示。在该图中，位错在颗粒附近发生塞积，SiC 颗粒尺寸较小时（15 μm），位错密度较高；SiC 颗粒尺寸较大时（40 μm），位错密度下降；总体上 SiC 颗粒附近应力集中和基体的畸变都很严重，在高温热变形时靠近 SiC 颗粒区域是动态再结晶形核的优先发生部位，SiC 颗粒小更容易发生。

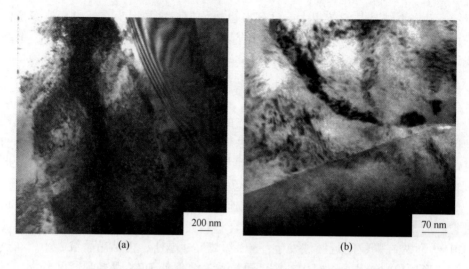

图6-16 复合材料变形后不同尺寸 SiC 颗粒附近的显微组织

(变形温度 350 ℃, 变形速率 1 s^{-1})

(a) 30%SiCp(15 μm)/Al ; (b) 30%SiCp(40 μm)/Al

6.3 复合材料的 DMM 加工图及微观组织

6.3.1 DMM 加工图

动态材料模型 (DMM) 由 Rao 和 Prasad 等人[10]最先提出, 其理论基础包括不可逆热力学、物理系统模型、塑性流变连续介质力学[11]等, 可以用来形象具体地说明外界施加的能量是怎样通过塑性变形过程而耗散的, 或者说, 材料的组织演变过程可以从能量耗散角度来得到说明; 在 DMM 中, 把发生热变形的材料整体看作是一个能量耗散体, 在它受力发生塑性变形过程中, 外界加给材料的总能量 P 会分为两部分去耗散。

(1) 材料发生塑性变形, 这部分发生所耗散的能量称为耗散量, 用 G 表示;

(2) 材料组织发生变化, 这部分发生所耗散的能量称为耗散协量, 用 J 表示, 如动态回复 (DRV)、动态再结晶 (DRX)、超塑性变形、相变及材料内部断裂损伤等 (如孔洞的形成和楔形裂纹)。

在恒定的应变和温度条件下, 热变形过程中任意应变速率 $\dot{\varepsilon}$ 下, 材料吸收的总能量 P 的数学表达式如下:

$$P = \sigma \cdot \dot{\varepsilon} = G + J = \int_0^{\dot{\varepsilon}} \sigma \cdot \mathrm{d}\dot{\varepsilon} + \int_0^{\sigma} \dot{\varepsilon} \cdot \mathrm{d}\sigma \qquad (6\text{-}18)$$

由式 (6-18) 可得, 功率的分量 J 和 G 之间有如下关系:

$$\frac{\mathrm{d}J}{\mathrm{d}G} = \frac{\dot{\varepsilon}\mathrm{d}\sigma}{\sigma\mathrm{d}\dot{\varepsilon}} = \frac{\mathrm{dlg}\sigma}{\mathrm{dlg}\dot{\varepsilon}} \tag{6-19}$$

这个比值即为材料的应变速率敏感指数 m。Prasad 等人假设材料在任意温度和应变条件下,热变形过程中的动态变化符合指数规律,可表示如下:

$$\sigma = K\dot{\varepsilon}^m \tag{6-20}$$

式(6-20)被称为动态本构方程,其中应变速率敏感指数 m 与应变速率无关。由式(6-18)得:

$$J = P - G = \sigma\dot{\varepsilon} - \int_0^{\dot{\varepsilon}} \sigma\mathrm{d}\dot{\varepsilon} \tag{6-21}$$

将式(6-20)代入式(6-21)得:

$$J = \sigma\dot{\varepsilon} - \int_0^{\dot{\varepsilon}} K\dot{\varepsilon}^m \mathrm{d}\dot{\varepsilon} = \frac{m}{m+1}\sigma\dot{\varepsilon} \tag{6-22}$$

$$J_{\max} = J(m=1) = \frac{1}{2}\sigma\dot{\varepsilon} \tag{6-23}$$

引入功率耗散效率系数 η 反映功率耗散特征,计算公式为:

$$\eta = \frac{J}{J_{\max}} = \frac{2m}{m+1} \tag{6-24}$$

由式(6-24)可以看到,功率耗散效率系数与应变速率敏感指数 m 相关。

在应变速率 $\dot{\varepsilon}$ 和温度 T 构成的二维平面上绘出功率耗散效率系数 η 的曲线,即为功率耗散图。功率耗散图中不同区域通常与特定的微观组织变化有关,区域的特征由功率耗散效率值所决定。

根据大应变塑性变形不可逆热力学极值原理,Prasad 等人按照动态材料模型原理提出流变失稳的条件为[12]:

$$\frac{\mathrm{d}J}{\mathrm{d}\dot{\varepsilon}} < \frac{J}{\dot{\varepsilon}} \tag{6-25}$$

将式(6-22)代入式(6-25),最终可化简为:

$$\frac{\partial\ln\left(\dfrac{m}{m+1}\right)}{\partial\ln\dot{\varepsilon}} + m < 0 \tag{6-26}$$

定义:

$$\xi(\dot{\varepsilon}) = \frac{\partial\ln\left(\dfrac{m}{m+1}\right)}{\partial\ln\dot{\varepsilon}} + m \tag{6-27}$$

则材料流变失稳的条件为：

$$\xi(\dot{\varepsilon}) = \frac{\partial \ln\left(\dfrac{m}{m+1}\right)}{\partial \ln \dot{\varepsilon}} + m < 0 \qquad (6\text{-}28)$$

由式 (6-28) 可知，失稳条件和应变速率敏感指数 m 相关。

在应变速率 $\dot{\varepsilon}$ 和温度 T 构成的二维平面上绘出 $\xi(\dot{\varepsilon}) < 0$ 的区域即为失稳图。将加工失稳图与功率耗散图叠加得到了材料的加工图，结合显微组织观察在加工图中可以确定与单个微观成形机制相关的特征区域的大致范围。

6.3.2   复合材料的热加工图分析

采用上一节中测得的 30%SiCp(40 μm)/Al 复合材料不同应变时的流变应力数据，利用 DMM 方法，构建该材料的功率耗散效率系数图。本节选取真应变量为 0.5 时的功率耗散效率系数图进行分析，因为在该应变条件下，应变量达到发生 DRV 和 DRX 等变形机制的条件，同时应变量没有达到发生非均匀变形的程度。

复合材料在应变量为 0.5 时所得到的功率耗散效率系数，如图 6-17 所示。图 6-17 中存在两个明显的区域：(1) 区域 A：位于温度 480~500 ℃ 和应变速率 0.01 s⁻¹ 范围内，此区域对应的功率耗散效率系数峰值为 27%。(2) 区域 B：位于温度 370~430 ℃ 和应变速率 0.1~1 s⁻¹ 范围内，此区域对应的功率耗散效率系数峰值为 27%。

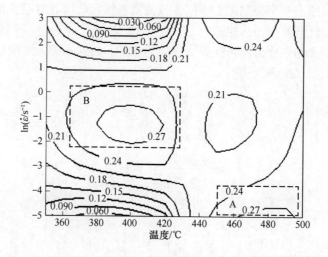

图 6-17   30%SiCp(40 μm)/Al 复合材料的功率耗散效率系数图

热变形过程中 SiCp/Al 复合材料的流变行为主要受到 Al 合金基体组织转变和硬质 SiCp 约束 Al 合金基体塑性流动两个过程的影响，这两个过程会耗散热变形过程中外界提供的能量并且反映到功率耗散效率系数图中。从图 6-1 中可以看出，区域 A 所对应的真应力-真应变曲线的流变特征是稳态流变，并且该区域在图 6-17 中对应的功率耗散效率系数峰值为 27%。

图 6-18（a）为图 6-17 的区域 A 中温度为 500 ℃、应变速率为 0.01 s^{-1} 试验条件下的典型显微组织照片，与图 3-1（e）热压烧结态的原始组织相比，原始 Al 颗粒边界（previous particle boundaries，PPBs）并没有消失，只是该区域的晶粒被明显拉长，显示出典型的动态回复（DRV）的结构特征。

$$(a) \qquad\qquad\qquad (b)$$

图 6-18　不同变形条件下 30%SiCp(40 μm)/Al 复合材料的显微组织照片

(a) 500 ℃，0.01 s^{-1}；(b) 400 ℃，1 s^{-1}

在以前的研究中[13]只有很少的研究者报道在非连续相增强铝基复合材料中，在低温（350 ℃）和低应变速率（0.01 s^{-1}）的情况下发现 DRV 现象，DRV 过程主要是位错的滑移和攀移过程控制的。本书试验采用热压烧结法制备的复合材料由于 Al 颗粒粉末比较细小，因而存在大量晶界，这些大量存在的晶界及加入的 SiCp 与析出相对位错的钉扎运动，降低 DRV 的速率，因此导致在该复合材料中 DRV 变形条件向更高的温度（500 ℃）和更低的应变速率（0.01 s^{-1}）方向移动。

图 6-17 的区域 B 对应图 6-1 中的真应力-真应变曲线的流变特征是流变软化，并且该区域在图 6-17 中对应的功率耗散效率系数峰值为 27%。图 6-18（b）为图 6-17 的区域 B 中温度为 400 ℃、应变速率为 1 s^{-1} 实验条件下的典型显微组织金相照片。可以看到，由于变形过程中发生动态再结晶（DRX），组织中存在相当多的 PPBs 重构组织和再结晶组织。热变形过程中发生 DRX 不仅可以产生稳态软

化流变，而且可以使 SiCp/Al 复合材料的粉末烧结组织得到重构和改善，因而是有益的。

图 6-19 为真应变 0.5 时 30%SiCp(40 μm)/Al 复合材料的热加工图，图中等值曲线代表功率耗散效率系数 η 值，带有阴影的区域为流变失稳区，其余显示白色区域是可能的安全加工区域，一般从热加工图中能获取变形机制和组织结构等有关信息。由图 6-19 可以发现，加工图中有 2 个区域功率耗散效率系数达到局部峰值：第一个区域是变形温度为 370~420 ℃、应变速率为 0.15~1 s⁻¹ 的区域；第二个区域是应变速率为 0.007~0.01 s⁻¹、变形温度为 470~500 ℃ 的区域。从图 6-19 中可以看出，这 2 个区域的功率耗散效率系数均为 0.27，表示在这 2 个区域存在特殊的显微组织或流变失稳机制，同时可以看出存在 1 个失稳区域，即变形温度为 350~430 ℃、应变速率为 0.01~0.15 s⁻¹ 的区域[12]。

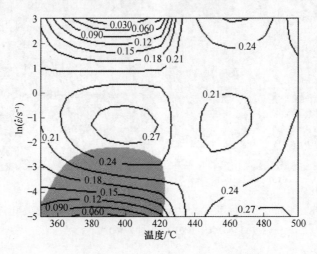

图 6-19　30%SiCp(40 μm)/Al 复合材料的热加工图

在安全的材料加工区域，如果功率耗散效率系数 η 越大，表明变形时能量状态越低，那么在此条件下越容易加工，选择最优变形工艺一般会在安全加工区域内选择 η 值较大时作为加工条件。分析图 6-19 可知，30%SiCp(40 μm)/Al 复合材料的安全加工区域为应变速率为 0.3~10 s⁻¹、变形温度为 350~500 ℃ 的区域和变形温度为 430~500 ℃、应变速率为 0.007~10 s⁻¹ 的区域[12]。

图 6-20 为 30%SiCp(40 μm)/Al 复合材料在失稳区域及功率耗散效率较高区域热变形后的扫描电镜及光学显微组织。由图 6-20（a）可见，在 400 ℃、0.01 s⁻¹ 条件下变形后，颗粒与基体结合处存在大的孔洞，同时 SiC 颗粒出现损伤和部分碎裂，因而不适合在此条件下加工。在温度为 500 ℃、应变速率为 0.01 s⁻¹ 条件下变形后，SiC 颗粒与基体的界面结合较好，存在少量小孔，SiC 颗粒损伤

少，如图 6-20（b）所示。在温度为 400 ℃、应变速率为 1 s⁻¹ 条件下变形后，如图 6-20（c）和（d）所示，SiC 颗粒与基体的界面结合好，基本不存在小孔及 SiC 颗粒损伤，试样的微观组织变为等轴状，明显是再结晶后的组织晶粒，但其晶粒大小不均匀，在 SiC 颗粒团聚的位置，再结晶晶粒较细小，而 SiC 颗粒相对稀疏的位置再结晶晶粒尺寸较大，动态再结晶使材料的微观结构得到改善，有利于提高材料的性能，因此该区域应为 30%SiCp/Al 复合材料的最佳加工区域。由加工图和组织结构可确定最适合加工的条件是变形温度为 400 ℃、应变速率为 1 s⁻¹，该条件是 30%SiCp(40 μm)/Al 复合材料进行热挤、热轧、热锻等热加工的最佳条件[12]。

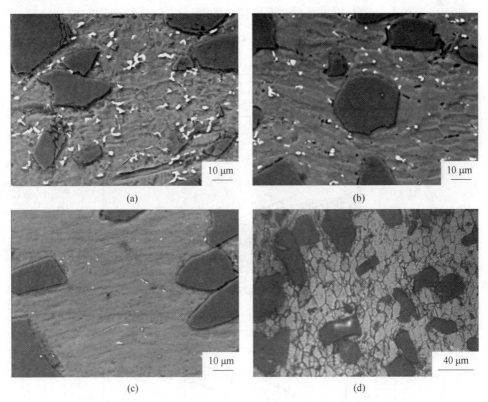

图 6-20 30%SiCp(40 μm)/Al 复合材料在不同应变速率及不同温度下压缩变形后的微观组织
(a) 400 ℃, 0.01 s⁻¹; (b) 500 ℃, 0.01 s⁻¹; (c) (d) 400 ℃, 1 s⁻¹

在颗粒或者晶须增强的铝基复合材料热变形过程中，除了发生 DRV 和 DRX，一些文献资料还报道了在比 DRV 更高温度和更低应变速率的变形条件下观察到的超塑性变形现象[14]。本书的材料具有细晶结构，但在功率耗散效率系数图中并没有发现超塑性现象。

6.3.3   不同 SiC 颗粒尺寸和体积分数复合材料的热加工图分析

其余 SiCp/Al 复合材料如 30%SiCp(15 μm)/Al、30%SiCp(8 μm)/Al、30% SiCp(3 μm)/Al 和 35%SiCp(8 μm)/Al 复合材料的热加工图如图 6-21 所示。由图 6-21 可以看出，在不同材料的功率耗散效率系数分别为 25%、23%、20% 和 21% 时，随复合材料中 SiC 颗粒尺寸减小及 SiC 颗粒体积分数增大，复合材料的最大功率耗散效率系数减小。通常情况下，铝合金中发生 DRX 时功率耗散效率系数的峰值范围在 35%~50% 之间；但是铝基复合材料功率耗散效率系数较低，原因是在 SiCp/Al 复合材料中存在大量的细小 SiC 颗粒和 Al 颗粒边界，导致变形过程中流变应力增大，因而使通过塑性变形耗散的能量值 G 增大。根据式（6-18）和式（6-21）可知，功率耗散效率系数 η 的值将减小。

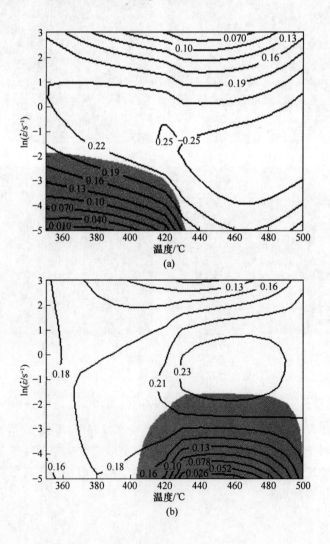

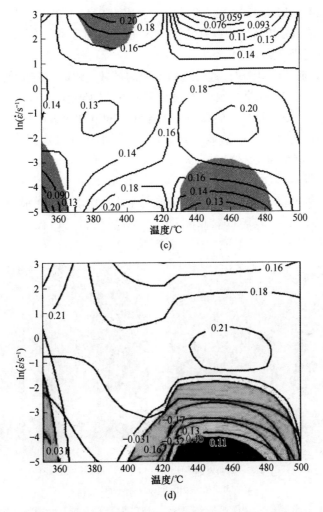

图 6-21 SiCp/Al 复合材料的热加工图

(a) 30%SiCp(15 μm)/Al; (b) 30%SiCp(8 μm)/Al; (c) 30%SiCp(3 μm)/Al; (d) 35%SiCp(8 μm)/Al

　　几种 SiCp/Al 复合材料的失稳区域主要出现在应变速率较低的区域，功率耗散效率系数最大值基本集中在高温中应变速率区域，一般认为如果某区域的功率耗散效率系数较高，那么此区域很可能发生了组织变化比如动态再结晶，在此区域热加工时加工硬化会减弱，使材料易于加工；然而，在一些高功率耗散效率系数区域也可能出现了失稳，比如出现颗粒断裂、区域流变及绝热剪切带。

　　下面从热加工图分析复合材料的适宜加工区域。30%SiCp(15 μm)/Al 复合材料的适宜加工区域为 430~500 ℃、应变速率为 0.03~1 s⁻¹，30%SiCp(8 μm)/Al 材料的适宜加工区域为 430~500 ℃、应变速率为 0.3~1.5 s⁻¹，30%SiCp(3 μm)/Al 材料的适宜加工区域为 450~470 ℃、应变速率为 0.1~0.4 s⁻¹，35%SiCp(8 μm)/Al

材料的适宜加工区域为 430~480 ℃、应变速率为 0.4~1.2 s⁻¹。从加工区域分析，随着 SiC 颗粒体积分数增加和颗粒尺寸减小，适宜加工区域范围减小，适宜加工的变形温度和应变速率范围变化不大。

下面分析 SiC 颗粒体积分数变化对材料的显微组织的影响情况。图 6-22（a）是 30%SiCp(8 μm)/Al 复合材料对应失稳区域（450 ℃，0.01 s⁻¹）的显微组织，以颗粒的碎裂为主。图 6-22（b）是 30%SiCp(8 μm)/Al 复合材料对应失稳区（450 ℃，0.1 s⁻¹）的显微组织，以界面脱黏和孔洞为主。图 6-23 是 35%SiCp(8 μm)/Al 复合材料对应失稳区域（350 ℃，0.1 s⁻¹和 450 ℃，0.01 s⁻¹）的显微组织，以部分颗粒碎裂和孔洞为主。图 6-24 是 30%SiCp(8 μm)/Al 复合材料适宜加工区域（450 ℃，1 s⁻¹）的显微组织，组织缺陷较少，存在等轴状动态再结晶组织。图 6-25 是 35%SiCp(8 μm)/Al 复合材料适宜加工区域（500 ℃，1 s⁻¹和 450 ℃，1 s⁻¹）的显微组织，组织缺陷较少，基体普遍发生动态再结晶。

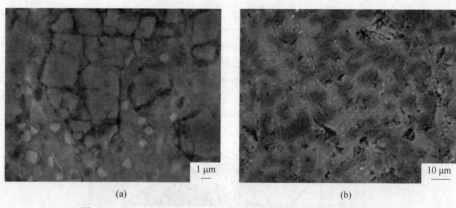

(a)   (b)

图 6-22 30%SiCp(8 μm)/Al 复合材料失稳区域的显微组织

(a) 450 ℃，0.01 s⁻¹；(b) 450 ℃，0.1 s⁻¹

(a)   (b)

图 6-23 35%SiCp(8 μm)/Al 复合材料失稳区域的显微组织

(a) 350 ℃，0.01 s⁻¹；(b) 450 ℃，0.01 s⁻¹

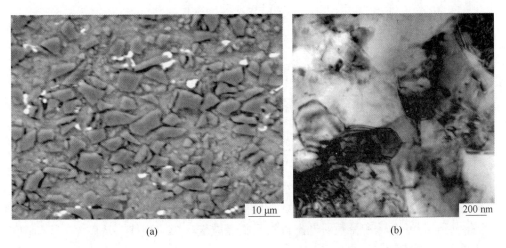

(a)　　　　　　　　　　　　　(b)

图 6-24　30%SiCp(8 μm)/Al 复合材料适宜加工区域的显微组织

(a) SEM 图；(b) TEM 图显示动态再结晶组织

(a)　　　　　　　　　　　　　(b)

(c)　　　　　　　　　　　　　(d)

图 6-25　35%SiCp(8 μm)/Al 复合材料适宜加工区域的显微组织

(a) 500 ℃，1 s^{-1}；(b) (c) 450 ℃，1 s^{-1}；(d) TEM 图显示动态再结晶组织

综上显微组织分析，对于 SiC 体积分数分别为 30% 和 35% 的复合材料来说，由于体积含量相差不大，加工条件和组织结构变化不大，随 SiC 颗粒体积分数的增加，适宜加工区域范围稍微减小。

6.4 复合材料的动态再结晶行为

本节首先利用真应力-真应变曲线数据计算 SiCp/Al 复合材料的加工硬化率 (θ)，便可绘制出加工硬化率和应变的关系曲线；在此基础上，利用 $\ln\theta$-ε 曲线拐点及 $-\partial(\ln\theta)/\partial\varepsilon$-$\varepsilon$ 曲线上的最小值作为判据来确定复合材料发生动态再结晶的临界应变，借此可建立 SiCp/Al 复合材料的动态再结晶临界应变模型，得到不同 SiC 颗粒尺寸和体积分数对动态再结晶临界应变的影响规律，从而深入了解复合材料的变形机制。

6.4.1 动态再结晶临界应变的求解方法

虽然应力-应变曲线是热变形过程中材料微观组织发生变化的外在表现，而无法直接从应力-应变曲线上确定是何时开始发生动态再结晶，材料加工硬化率 ($\theta=\partial\sigma/\partial\varepsilon$) 实际上是体现流变应力随应变速率变化速率的一个变量，从应力-应变曲线求得的加工硬化率曲线能反映材料内部组织发生了的某些变化[15-16]。Poliak 和 Jonas[17]认为，当材料发生动态再结晶时，其 θ-σ 曲线有拐点出现，即 $-\partial^2\theta/\partial\sigma=0$；求偏导数可得 $-\partial(\ln\theta)/\partial\varepsilon=\partial\theta/\partial\sigma$，可见 θ-σ 曲线和 $\ln\theta$-ε 曲线均出现相对应的拐点[18]。根据加工硬化率数据绘制 $\ln\theta$-ε 及 $-\partial(\ln\theta)/\partial\varepsilon$-$\varepsilon$ 曲线，再采用 $-\partial^2(\ln\theta)/\partial\varepsilon^2=0$ 判据即可求出复合材料发生动态再结晶相应的临界应变值 ε_c。图 6-26 (a) 为 30%SiCp(3 μm)/Al 复合材料在变形条件 ($T=450$ ℃, $\dot{\varepsilon}=1\ \mathrm{s}^{-1}$) 时真应力-真应变曲线，而图 6-26 (b) 为对图 6-26 (a) 进行非线性方程拟合后得到的曲线。

从图 6-26 (a) 接近峰值附近的曲线局部放大后可见，真应力-真应变曲线呈波浪形，难以直接从曲线测量或计算出加工硬化率。本节采用欧阳德来[19]对此类问题处理的办法，即先拟合真应力-真应变曲线，得到平滑曲线后再对拟合曲线方程求导，其斜率即是加工硬化率，绘制图 $\ln\theta$-ε 曲线，确定临界条件。图 6-26 (a) 中真应力-真应变曲线拟合方程为：

$$\sigma = (0.00019216 + 0.77417611\varepsilon - 15.985955\varepsilon^2 + 627.78\varepsilon^3 - 6023.9\varepsilon^4 +$$
$$28821.3161031072\varepsilon^5)/(0.00005124611829 + 0.00311693\varepsilon + 0.0784\varepsilon^2 +$$
$$1.052698\varepsilon^3 - 6.52287\varepsilon^4 + 25.71027\varepsilon^5 + 510.0216\varepsilon^6) \tag{6-29}$$

图 6-26 (b) 为由式 (6-29) 绘制的真应力-真应变曲线。对式 (6-29) 求导

可求得对应各真应力-真应变下的加工硬化率，进而可绘制 $\ln\theta$-ε 及 $-\partial(\ln\theta)/\partial\varepsilon$-$\varepsilon$ 曲线，如图 6-27 所示。

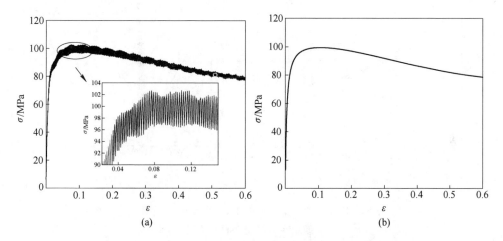

图 6-26　30%SiCp(3 μm)/Al 复合材料的真应力-真应变曲线

($T=450$ ℃, $\dot{\varepsilon}=1\ s^{-1}$)

(a) 原始真应力-真应变曲线；(b) 拟合后真应力-真应变曲线

确定动态再结晶临界应变一般采用 Najafizadeh 和 Jonas 模型[20]，即采用如下三阶多项式来确定 $\ln\theta$-ε 曲线中拐点的位置：

$$\ln\theta = A\varepsilon^3 + B\varepsilon^2 + C\varepsilon + D \tag{6-30}$$

其中，A、B、C、D 为与变形条件相关的常数。

对式（6-30）进行二阶求导可得：

$$\partial^2(\ln\theta)\partial\varepsilon^2 = 6A\varepsilon + 2B \tag{6-31}$$

当所对应的应变为临界应变时，其二阶导数为 0，即

$$6A\varepsilon_c + 2B = 0 \tag{6-32}$$

$$\varepsilon_c = -B/(3A) \tag{6-33}$$

由图 6-27（a）可粗略看出，$\ln\theta$-ε 曲线在应变大约为 0.05 处出现拐点，获得准确的拐点位置需要首先对图 6-27（a）曲线进行三次多项式拟合，具体拟合方程为：

$$\ln\theta = 9.986 - 221.3166\varepsilon + 3714.4511\varepsilon^2 - 24956.773\varepsilon^3 \tag{6-34}$$

对式（6-34）进行求导得：

$$-\partial(\ln\theta)/\partial\varepsilon = 221.3166 - 7428.9022\varepsilon + 74870.319\varepsilon^2 \tag{6-35}$$

根据式（6-35）绘制 $-\partial(\ln\theta)/\partial\varepsilon$-$\varepsilon$ 曲线，如图 6-27（b）所示。当 $-\partial^2(\ln\theta)/\partial\varepsilon^2 = 0$ 时，也就是图 6-27（b）中曲线的最低点对应的应变，即为本书材料的临界应变 $\varepsilon_c = 0.0496$。

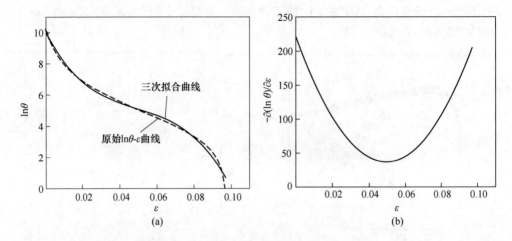

图 6-27 变形温度 450 ℃、应变速率 1 s⁻¹ 时 30%SiCp/Al 复合材料加工
硬化率与应变之间的关系

(a) $\ln\theta$-ε;(b) $-\partial(\ln\theta)/\partial\varepsilon$-$\varepsilon$

6.4.2 不同 SiC 颗粒尺寸和含量对动态再结晶临界应变的影响规律

利用 30%SiCp(3 μm)/Al 复合材料不同热变形条件下真应力-真应变曲线
数据,用相同的求解方法,可求出并绘制不同条件下的 $\ln\theta$-ε 曲线,如图
6-28 所示。由图 6-28 可见,不同应变速率及不同变形温度下的 $\ln\theta$-ε 曲线变
化规律相似。对于某一个 $\ln\theta$-ε 曲线,当应变增加时,初始阶段加工硬化率
迅速降低,然后进入一个缓慢降低的阶段,在某一应变处出现拐向,然后又
迅速降低。

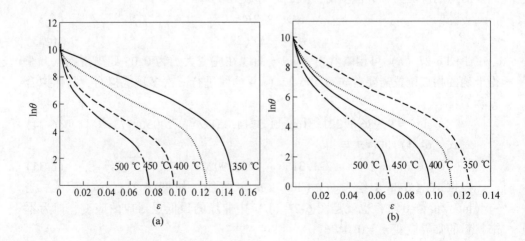

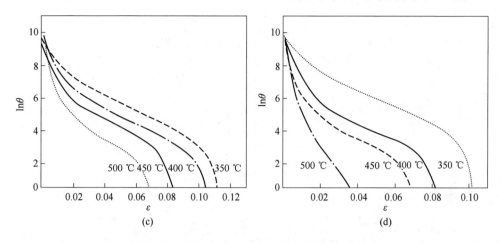

图 6-28　30%SiCp(3 μm)/Al 复合材料不同应变速率及不同变形温度时 lnθ-ε 的关系

(a) $\dot{\varepsilon}=10\ s^{-1}$；(b) $\dot{\varepsilon}=1\ s^{-1}$；(c) $\dot{\varepsilon}=0.1\ s^{-1}$；(d) $\dot{\varepsilon}=0.01\ s^{-1}$

图 6-29 为对应于 lnθ-ε 曲线条件的 $-\partial(\ln\theta)/\partial\varepsilon$-ε 关系曲线。由图 6-29 可见，$-\partial(\ln\theta)/\partial\varepsilon$ 曲线最小值对应于 lnθ-ε 曲线拐点的准确位置，对应的应变值即为材料在该变形条件下动态再结晶的临界应变值。由图 6-29 可知，在相同的变形速率下变形温度对动态再结晶临界应变的影响规律，动态再结晶临界应变随着变形温度的升高而减小。

图 6-30 为 30%SiCp(3 μm)/Al 复合材料在相同变形温度不同应变速率下 $-\partial(\ln\theta)/\partial\varepsilon$ 与 ε 的关系曲线。由图 6-30 可知，在相同变形温度下，临界应变随着应变速率的增加而增加。

用同样的求解方法可以得到其余 SiCp/Al 复合材料的 lnθ-ε 曲线和 $-\partial(\ln\theta)/\partial\varepsilon$-ε 曲线，如图 6-31~图 6-34 所示，从各材料 $-\partial(\ln\theta)/\partial\varepsilon$-ε 曲线的最小值均可得到相应的临界应变值。

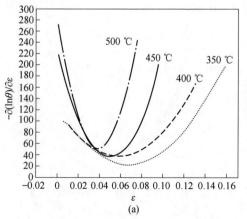

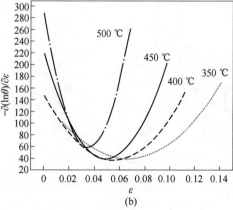

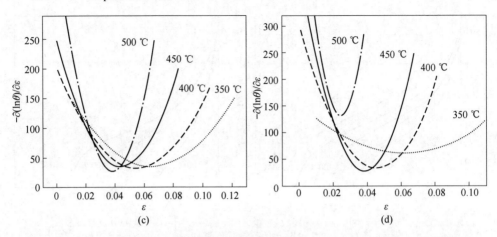

图 6-29   30%SiCp(3 μm)/Al 复合材料不同变形条件下 $-\partial(\ln\theta)/\partial\varepsilon$ 与应变 ε 之间的关系

(a) $\dot{\varepsilon}=10\ \mathrm{s}^{-1}$；(b) $\dot{\varepsilon}=1\ \mathrm{s}^{-1}$；(c) $\dot{\varepsilon}=0.1\ \mathrm{s}^{-1}$；(d) $\dot{\varepsilon}=0.01\ \mathrm{s}^{-1}$

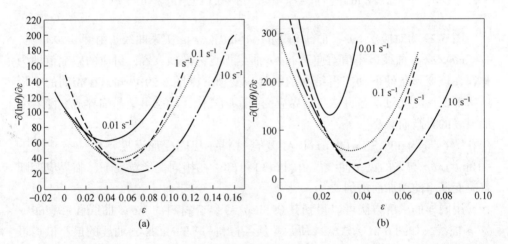

图 6-30   30%SiCp(3 μm)/Al 复合材料应变速率不同时 $-\partial(\ln\theta)/\partial\varepsilon$ 与应变 ε 之间的关系

(a) $T=350\ ℃$；(b) $T=500\ ℃$

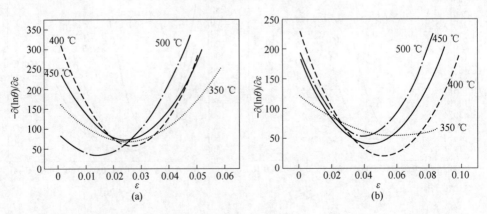

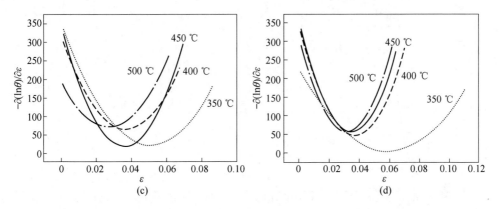

图 6-31　30%SiCp(8 μm)/Al 复合材料不同应变速率和温度条件下-∂(lnθ)/∂ε
与应变 ε 之间的关系

(a) $\dot{\varepsilon}=10\ \mathrm{s}^{-1}$；(b) $\dot{\varepsilon}=1\ \mathrm{s}^{-1}$；(c) $\dot{\varepsilon}=0.1\ \mathrm{s}^{-1}$；(d) $\dot{\varepsilon}=0.01\ \mathrm{s}^{-1}$

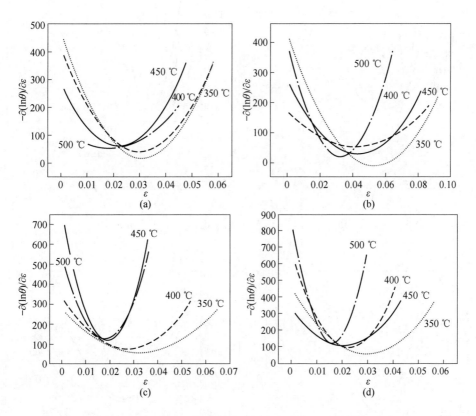

图 6-32　30%SiCp(15 μm)/Al 复合材料不同应变速率和温度条件下-∂(lnθ)/∂ε
与应变 ε 之间的关系

(a) $\dot{\varepsilon}=10\ \mathrm{s}^{-1}$；(b) $\dot{\varepsilon}=1\ \mathrm{s}^{-1}$；(c) $\dot{\varepsilon}=0.1\ \mathrm{s}^{-1}$；(d) $\dot{\varepsilon}=0.01\ \mathrm{s}^{-1}$

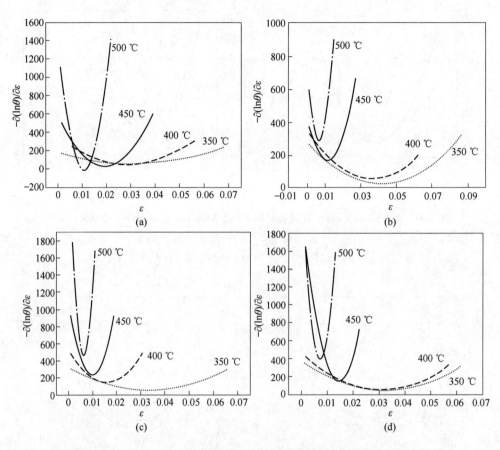

图 6-33　30%SiCp(40 μm)/Al 复合材料不同应变速率和温度条件下 $-\partial(\ln\theta)/\partial\varepsilon$
与应变 ε 之间的关系

(a) $\dot{\varepsilon}=10\ \mathrm{s^{-1}}$；(b) $\dot{\varepsilon}=1\ \mathrm{s^{-1}}$；(c) $\dot{\varepsilon}=0.1\ \mathrm{s^{-1}}$；(d) $\dot{\varepsilon}=0.01\ \mathrm{s^{-1}}$

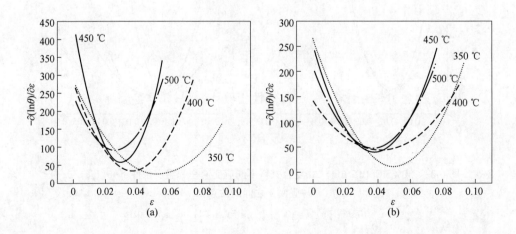

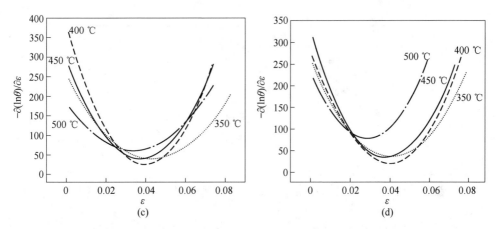

图 6-34　35%SiCp(8 μm)/Al 复合材料不同应变速率和温度条件下 $-\partial(\ln\theta)/\partial\varepsilon$
与应变 ε 之间的关系

(a) $\dot{\varepsilon}=10\ \mathrm{s}^{-1}$；(b) $\dot{\varepsilon}=1\ \mathrm{s}^{-1}$；(c) $\dot{\varepsilon}=0.1\ \mathrm{s}^{-1}$；(d) $\dot{\varepsilon}=0.01\ \mathrm{s}^{-1}$

6.4.3　临界应变模型

复合材料的动态再结晶临界应变模型常用 Sellars[21] 模型，公式如下：

$$\varepsilon_{c}=k\varepsilon_{p} \tag{6-36}$$

$$\varepsilon_{c}=aZ^{b} \tag{6-37}$$

式中，k、a、b 均为常数；ε_{c} 为临界应变；ε_{p} 为峰值应变；Z 为 Zener-Hollomom
参数。

$$Z=\dot{\varepsilon}\exp[Q/(RT)] \tag{6-38}$$

式中，$\dot{\varepsilon}$ 为应变速率；Q 为热变形激活能；R 为气体摩尔常数。

利用本节得到的复合材料在各热变形条件下的临界应变值及 6.1 节中求解过
在各变形条件下对应的 Z 值和热激活能 Q 值，绘制 $\ln\varepsilon_{c}$-$\ln Z$ 及 ε_{c}-ε_{p} 关系图，即
可导出动态再结晶模型。图 6-35（a）为 30%SiCp(3 μm)/Al 复合材料 $\ln\varepsilon_{c}$-$\ln Z$
及 ε_{c}-ε_{p} 之间的关系图。由图 6-35（a）可见，$\ln\varepsilon_{c}$ 与 $\ln Z$ 之间呈较好的线性关
系，线性相关系数为 0.829，线性拟合方程可表示为：$\ln\varepsilon_{c}=0.07\ln Z-5.77$，临界
应变预测模型可以表示为 $\varepsilon_{c}=7.96\times10^{-3}Z^{0.038}$。由图 6-35（b）可见，临界应
变与峰值应变呈较好的线性关系，其线性相关系数为 0.935，临界应变与峰值应
变的关系方程可表示为 $\varepsilon_{c}=0.479\varepsilon_{p}$。

以相同的方法研究其余 SiCp/Al 复合材料，根据得到的各热变形条件下的临
界应变值及前面求得的对应 Z 值及热激活能 Q 值，绘制 $\ln\varepsilon_{c}$-$\ln Z$ 及 ε_{c}-ε_{p} 关系图，
如图 6-36 和图 6-37 所示。表 6-3 列出了不同 SiCp/Al 复合材料临界应变与峰值应
变的关系 $\varepsilon_{c}/\varepsilon_{p}$ 和动态再结晶临界应变模型 ε_{c}-Z 的关系，可以看出随 SiC 颗粒尺
寸减小及 SiC 颗粒体积分数增加，临界应变提前。

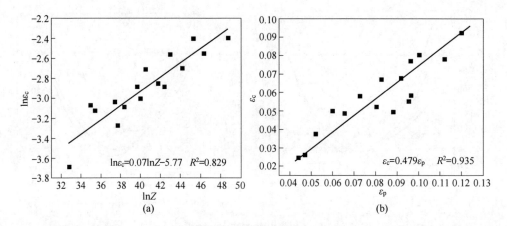

图 6-35 lnε_c-ln$Z$ 和 ε_c-ε_p 关系图

(a) lnε_c-ln$Z$; (b) ε_c-ε_p

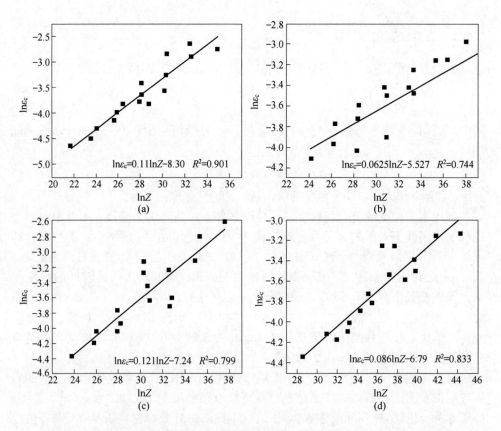

图 6-36 不同 SiC 颗粒尺寸和体积分数的 SiCp/Al 复合材料 lnε_c 与 ln$Z$ 之间的关系

(a) 30%SiCp(8 μm)/Al; (b) 30%SiCp(15 μm)/Al; (c) 30%SiCp(40 μm)/Al; (d) 35%SiCp(8 μm)/Al

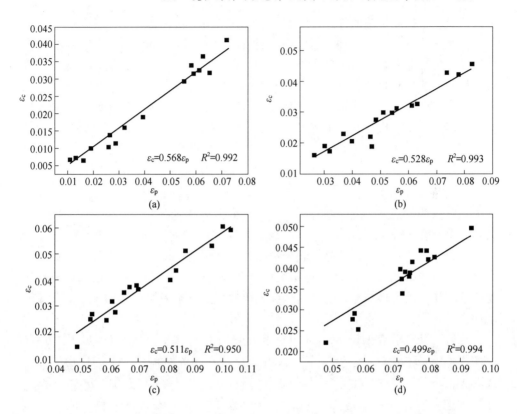

图 6-37 不同 SiC 颗粒尺寸和体积分数的 SiCp/Al 复合材料 ε_p 和 ε_c 之间的关系

(a) 30%SiCp(8 μm)/Al; (b) 30%SiCp(15 μm)/Al; (c) 30%SiCp(40 μm)/Al; (d) 35%SiCp(8 μm)/Al

表 6-3 含不同尺寸和体积分数 SiC 颗粒的 SiCp/Al 复合材料 $\varepsilon_c/\varepsilon_p$ 和 ε_c-Z 之间的关系

材料	$\varepsilon_c/\varepsilon_p$	ε_c 与 Z 之间的关系
30%SiCp(3 μm)/Al	0.479	$\varepsilon_c = 3.12 \times 10^{-3} Z^{0.07}$
30%SiCp(8 μm)/Al	0.511	$\varepsilon_c = 7.17 \times 10^{-4} Z^{0.12}$
30%SiCp(15 μm)/Al	0.528	$\varepsilon_c = 3.98 \times 10^{-3} Z^{0.06}$
30%SiCp(40 μm)/Al	0.568	$\varepsilon_c = 2.49 \times 10^{-4} Z^{0.11}$
35%SiCp(8 μm)/Al	0.499	$\varepsilon_c = 1.13 \times 10^{-3} Z^{0.08}$

6.5　复合材料的动态再结晶体积分数及其动力学模型

动态再结晶体积分数一般可以通过能量法、定量金相法和应力-应变曲线法进行确定。根据能量法的描述，动态再结晶体积分数可以由原始储能与瞬时变形的储能之比来确定，但此种方法由于储能较难测量而无人问津。按照金相法的描述，动态再结晶体积分数为动态再结晶的体积与总体积的比值，这种方法比较直观。但是，若想测得所有变形条件下的再结晶体积分数，就必须拍出所有变形条件的金相组织照片，工作量巨大，且金相法需要水淬来保留高温组织，可能在短时间内产生亚动态再结晶或晶粒长大现象，所以不能完全反映真实结果。为此，可利用 Avrami 方程[22]对动态再结晶体积分数变化进行动力学描述。

$$X_{DRX} = 1 - \exp\left(- k\,\frac{\varepsilon - \varepsilon_c}{\varepsilon^*}\right)^n \tag{6-39}$$

式中，X_{DRX} 为动态再结晶体积分数；ε^* 为最大软化速率应变；ε_c 为临界应变；k、n 分别为材料常数。

由很多材料的动态再结晶体积分数曲线发现，Avrami 方程具有如下特征：动力学方程曲线形如"S"。动态再结晶刚开始发生时，其发生速度很低。随着应变值的增加，动态再结晶的发生速率会先缓慢增加，然后快速增加，最后又缓慢增加。

此后，又有学者根据 Avrami 方程演化出各种计算更为简便的动力学方程。比如 $X_{DRX} = (\sigma - \sigma_p)/(\sigma_s - \sigma_p)$ [23]（其中，σ_p、σ_s 分别为峰值应力和稳态应力）；或者 $X_{DRX} = [(\sigma_{drvx})^2 - (\sigma_{drxx})^2]/[(\sigma_{drvss})^2 - (\sigma_{drxss})^2]$ [24]（其中，σ_{drvss}、σ_{drxss} 分别为饱和应力和稳态应力；σ_{drvx} 为当动态回复是主要软化机制时的流变应力；σ_{drxx} 为当动态再结晶是主要软化机制时的流变应力）；又或者 $X = (\sigma_{sat} - \sigma)/(\sigma_{sat} - \sigma_{ss})$ [25]（其中，σ_{sat} 为根据 KM 模型预测出的流变应力；σ_{ss} 为稳态阶段的流变应力）。

6.5.1 动态再结晶体积分数的确定

通过阅读大量的参考文献，使用外推法的居多，且都表明运用该方法确定出的再结晶体积分数十分准确。本书实验也采用外推法对流变数据进行处理来计算其动态再结晶体积分数（X_{DRX}），即[26-28]：

$$X_{DRX} = \frac{(\sigma_{drvx})^2 - (\sigma_{drxx})^2}{(\sigma_{drvss})^2 - (\sigma_{drxss})^2} \tag{6-40}$$

式中，σ_{drvx}、σ_{drvss} 分别为材料虚拟动态回复时在某一时刻应变 ε_x 处和稳态应变 σ_{drvss} 处对应的流变应力；σ_{drxx}、σ_{drxss} 分别为材料发生动态再结晶时在某一时刻应变 ε_x 处和稳态应变 σ_{drxss} 处对应的流变应力。

虚拟动态回复曲线可以通过材料的加工硬化率曲线外推得到。当材料发生动态再结晶时，可以根据图 6-38 中的应力-应变曲线绘制其加工硬化率曲线，如图 6-39 所示，此时的加工硬化率沿 $A \rightarrow B \rightarrow C$ 变化，曲线的拐点为 B 点，即复合材料发生动态再结晶的临界应力点。当材料仅发生动态回复时，其加工硬化率曲线沿 $A{\to}B{\to}D$ 变化，其中，BD 为曲线 ABC 在 B 点的外推直线。此时，BD 直线斜率与曲线 ABC 在 B 点的斜率相等，曲线 ABD 就是材料虚拟动态回复曲线的加工硬化率曲线。因此，由图 6-39 可以计算出 σ_{drvss} 的值[29]，结合关系式 $\theta = \mathrm{d}\sigma/\mathrm{d}\varepsilon$，即可绘制出图 6-38 所示的虚拟动态回复曲线。根据图 6-38 并结合方程式 (6-40)，便可求出 SiCp/Al 复合材料的动态再结晶体积分数。

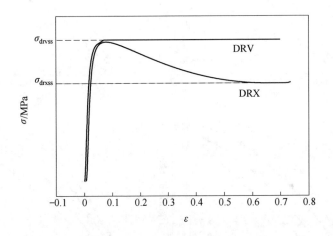

图 6-38 动态再结晶和虚拟动态回复时的应力-应变曲线

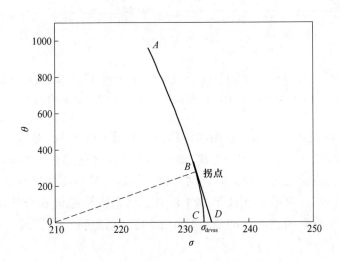

图 6-39 SiCp/Al 复合材料的加工硬化率曲线

图 6-40 为 30%SiCp/Al 复合材料的动态再结晶体积分数曲线。由图可知，随变形时间增加，动态再结晶体积分数经历"缓慢增加→快速增加→缓慢增加"

3 个典型阶段，且曲线呈现 "S" 形特征，故该材料的动态再结晶动力学可采用 Avrami 方程来反映。温度升高或应变速率降低时，再结晶体积分数增大。

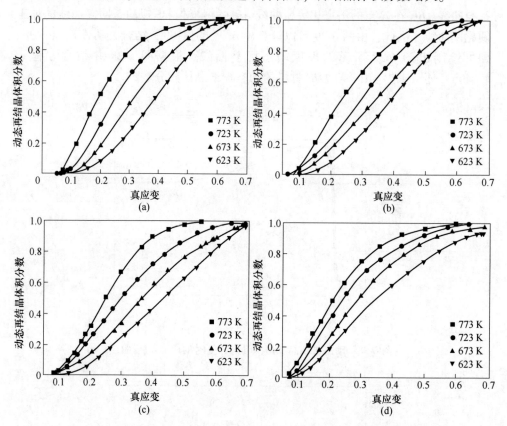

图 6-40 30%SiCp/Al 复合材料在不同变形条件下的动态再结晶体积分数曲线

(a) $\dot{\varepsilon} = 0.01\ \text{s}^{-1}$；(b) $\dot{\varepsilon} = 0.1\ \text{s}^{-1}$；(c) $\dot{\varepsilon} = 1\ \text{s}^{-1}$；(d) $\dot{\varepsilon} = 10\ \text{s}^{-1}$

由图 6-40 还可知，动态再结晶体积分数的最大值为 1，对应于动态再结晶完成点。当应变速率为 0.01 s^{-1} 时，SiCp/Al 复合材料能在较小的应变下完成动态再结晶。当应变速率较大时，动态再结晶过程甚至不能完成。例如，当应变速率为 10 s^{-1}、变形温度低于 723 K 时，动态再结晶体积分数不能达到 1。因此，随应变速率的减小（即变形时间增加），动态再结晶完成时所对应的应变值减小。

仅通过图 6-40 中的动态再结晶体积分数曲线不足以说明计算的体积分数的正确性，为验证其计算结果是否正确，在此引入 SiCp/Al 复合材料不同变形条件下的 $\theta\text{-}\varepsilon$ 曲线，如图 6-41 所示。由图 6-41 可知，加工硬化率 θ 迅速减小，当 θ 值第一次为 0 时所对应的应变为峰值应变，随着应变的继续增加，θ 值又继续减小，当达到极小值后又增加到 0，此时所对应的应变为稳态应变 ε_s。稳态应变 ε_s 即为动态再结晶体积分数值为 1 时所对应的应变，即为动态再结晶完成点。由图 6-41 可知，稳态应变 ε_s 值与图 6-40 中动态再结晶完成点所对应的应变一致。

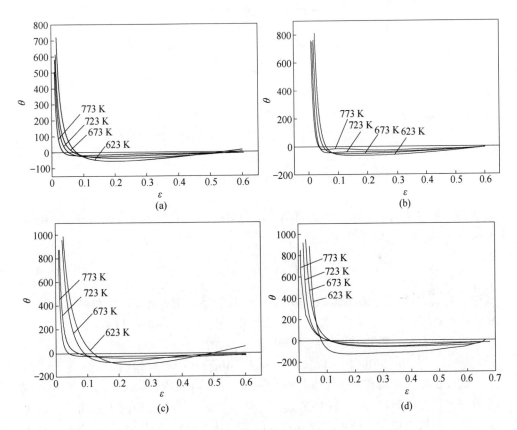

图 6-41 30%SiCp/Al 复合材料在不同热变形条件下的 θ-ε 曲线

(a) $\dot{\varepsilon}$ = 0.01 s^{-1}；(b) $\dot{\varepsilon}$ = 0.1 s^{-1}；(c) $\dot{\varepsilon}$ = 1 s^{-1}；(d) $\dot{\varepsilon}$ = 10 s^{-1}

图 6-42 为在变形温度为 773 K，应变速率为 0.01 s^{-1} 时 30%SiCp/Al 复合材料的 θ-ε 曲线及 X_{DRX}-ε 曲线。由图可知，当真应变大小为 0.6、θ 值为 0 时，对应于动态再结晶体积分数为 1 的点。因此可以证实，图 6-40 中所绘制的再结晶体积分数曲线的正确性。

6.5.2　动态再结晶动力学模型研究

动态再结晶是一个形核和核长大的过程，在一定的时间内动态再结晶发生的程度可根据动态再结晶动力学方程来确定。动态再结晶动力学模型的建立是否正确，与再结晶体积分数的确定、变形参数与动力学的关系、动力学方程中一系列

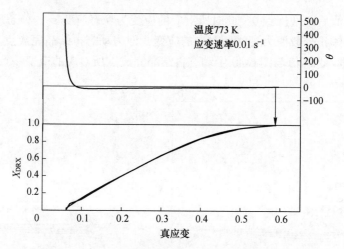

图 6-42 30%SiCp/Al 复合材料的 θ 和 X_{DRX} 与应变的关系图

参数的确定等诸问题有关。动态再结晶动力学模型一般采用经典的 Johnson-Mehl-Avrami（JMA）表达式[30]：

$$X_{DRX} = 1 - \exp\left(-B\frac{\varepsilon - \varepsilon_c}{\varepsilon_{0.5}}\right)^n \qquad (6-41)$$

式中，X_{DRX} 为动态再结晶体积分数，%；ε_c 为临界应变；$\varepsilon_{0.5}$ 为动态再结晶达到 50%时所对应的应变；B、n 为受变形温度和应变速率影响的材料常数。

对式（6-41）整理并取对数可得：

$$\ln[-\ln(1 - X_{DRX})] = \ln B + n\ln[(\varepsilon - \varepsilon_c)/\varepsilon_{0.5}] \qquad (6-42)$$

式（6-42）可看作是关于 $\ln[-\ln(1-X_{DRX})]$ 与 $\ln[(\varepsilon-\varepsilon_c)/\varepsilon_{0.5}]$ 的一元线性方程，只要绘制出 $\ln[-\ln(1-X_{DRX})]$ 与 $\ln[(\varepsilon-\varepsilon_c)/\varepsilon_{0.5}]$ 的关系曲线，对关系曲线进行线性拟合，便可求得 B 和 n 的值，从而确定该材料的动态再结晶动力学模型。表 6-4 为根据图 6-40 计算的 $\varepsilon_{0.5}$ 的值，结合表 6-4，则可求出 $\ln[-\ln(1-X_{DRX})]$ 与 $\ln[(\varepsilon-\varepsilon_c)/\varepsilon_{0.5}]$ 的值。

表 6-4 不同变形条件下 $\varepsilon_{0.5}$ 的值

应变速率 /s⁻¹	变形温度/K			
	623	673	723	773
0.01	0.250	0.240	0.237	0.200
0.1	0.300	0.295	0.290	0.238
1	0.368	0.330	0.350	0.270
10	0.450	0.389	0.410	0.309

图 6-43 为 30%SiCp/Al 复合材料 $\ln[-\ln(1-X_{DRX})]$ 与 $\ln[(\varepsilon-\varepsilon_c)/\varepsilon_{0.5}]$ 的关系曲线。由图 6-43 可知，该复合材料的 $\ln[-\ln(1-X_{DRX})]$ 与 $\ln[(\varepsilon-\varepsilon_c)/\varepsilon_{0.5}]$ 之间满足如下的线性关系：

$$\ln[-\ln(1-X_{DRX})] = 0.00338 + 1.998\ln[(\varepsilon-\varepsilon_c)/\varepsilon_{0.5}] \qquad (6\text{-}43)$$

则 30%SiCp/Al 复合材料的动态再结晶动力学模型为：

$$X_{DRX} = 1 - \exp\left(-\frac{\varepsilon-\varepsilon_c}{\varepsilon_{0.5}}\right)^{1.998} \qquad (6\text{-}44)$$

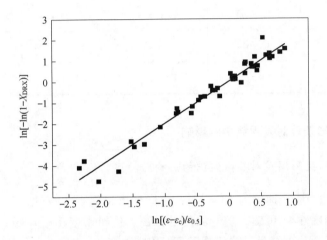

图 6-43　30%SiCp/Al 复合材料 $\ln[-\ln(1-X_{DRX})]$ 与 $\ln[(\varepsilon-\varepsilon_c)/\varepsilon_{0.5}]$ 的关系曲线

6.6　复合材料变形中的微观组织演变及软化机制

30%SiCp/Al 复合材料的力学性能与其内部的微观组织结构密切相关，内部微观组织结构又在很大程度上取决于 30%SiCp/Al 复合材料的热加工过程，如何控制中等体积分数 SiCp/Al 复合材料热变形过程中的显微组织演变，得到理想的变形组织，成为一个亟待解决的问题。同时，在热加工过程中，30%SiCp/Al 复合材料内部会发生两种变化：加工硬化和动态软化。其中，动态软化包括动态再结晶和动态回复。有研究发现，$\ln Z$ 值的大小与铝合金热变形过程中的软化机制有关。然而，目前对 30%SiCp/Al 复合材料的软化机制与 $\ln Z$ 值的关系、软化机制与变形条件的关系等问题的研究却少之又少。动态再结晶是热加工过程中重要的显微组织变化，影响发生动态再结晶的因素很多，如变形条件、晶粒尺寸、析出相等。采用金相显微镜、扫描电镜和透射电镜对变形后立即进行水淬冷却的压缩试样进行显微组织观察，研究了变形温度、应变速率对 30%SiCp(3 μm)/Al 复合材料显微组织的影响规律，分析复合材料的软化机制，并探讨了 Z 参数与软化机制的关系。SiCp/Al 复合材料不同变形条件下的 lnZ 值见表 6-5。

表 6-5   SiCp/Al 复合材料不同变形条件下的 lnZ 值

变形温度 /K	应变速率/s⁻¹			
	0.01	0.1	1	10
623	57.3275	59.6301	61.9327	64.2352
673	52.7262	55.0288	57.3314	59.6340
723	48.7614	51.0640	53.3666	55.6692
773	45.3095	47.6121	49.9147	52.2173

6.6.1   热变形条件对微观结构的影响

6.6.1.1   变形温度对显微组织的影响

图 6-44 为当应变速率为 10 s⁻¹时，不同变形温度下 30%SiCp/Al 复合材料的显微组织。由图 6-44 可知，随着温度的升高，位错密度逐渐降低，且动态再结晶晶粒逐渐长大，再结晶晶粒的晶界逐渐清晰平直。

当温度为 623 K 时（见图 6-44（a）），组织中存在明显错乱缠绕的位错线，说明在此变形条件下，样品中有动态回复发生。随着温度的升高，当变形温度为 673 K 时（见图 6-44（b）），材料内部有动态再结晶晶粒生成，晶粒的晶界清晰但有部分呈弯曲状，同时在再结晶晶粒的内部可看到大量的位错缺陷；由此可知，在该温度下动态再结晶晶粒并未完全长大，且有一定的动态回复存在。当变形温度升高到 723 K 时（见图 6-44（c）），动态再结晶晶粒的晶界平直清晰，为明显的等轴晶晶粒，晶内位错密度很低，说明在该温度下动态再结晶晶粒已经得到较充分的长大。

6.6.1.2   应变速率对显微组织的影响

图 6-45 为 30%SiCp/Al 复合材料在 673 K，应变速率分别为 10 s⁻¹、1 s⁻¹、0.1 s⁻¹、0.01s⁻¹时的 TEM 图。由图可知，在应变速率为 10 s⁻¹的条件下变形时，如图 6-45（a）所示，复合材料内部散乱地分布着少量位错，晶界模糊；随着应变速率的降低，图 6-45（b）表明，当应变速率为 1 s⁻¹时，晶内的位错

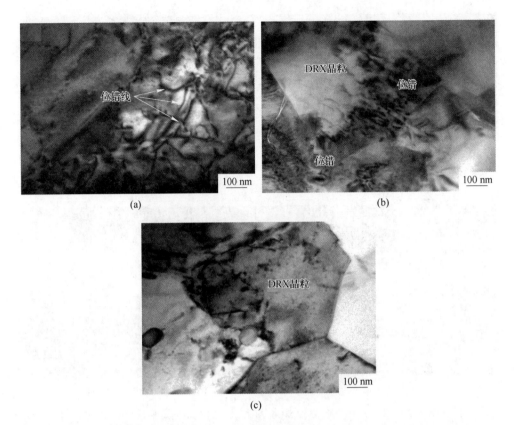

图 6-44 应变速率为 10 s⁻¹时 30%SiCp/Al 复合材料在不同变形温度下的显微组织
(a) T=623 K；(b) T=673 K；(c) T=723 K

密度明显降低，晶界变得较为清晰，还可以看出位错正在向其他晶界迁移而消失，晶界呈现弯曲状，说明晶粒还未充分长大；由图 6-45（c）和（d）可知，当应变速率为 0.1 s⁻¹和 0.01 s⁻¹时，晶粒已变得较为圆整，位错基本消失，晶界变得更清晰，说明该应变速率下，动态再结晶晶粒已经得到较为充分的长大。

材料发生动态再结晶的过程与变形时间密切相关，在 673 K 和较高应变速率下变形时，变形时间较短致使更多区域位错来不及抵消，且动态再结晶过程时间也有限，动态再结晶晶粒并未完全长大。在高应变速率下，动态再结晶晶粒的长大受到抑制，晶粒内部还存在部分散乱的位错。随着应变速率的减小，位错有足够的时间进行攀移和交滑移，位错销毁和重排也进行得更充分，而且在相同应变量时所经历的变形时间更长，动态再结晶过程也进行得更充分，再结晶晶粒有足够的时间长大[31-32]。因此，应变速率减小导致 30%SiCp/Al 复合材料的位错密度降低，晶界变得清晰和锋锐，再结晶晶粒尺寸增大。

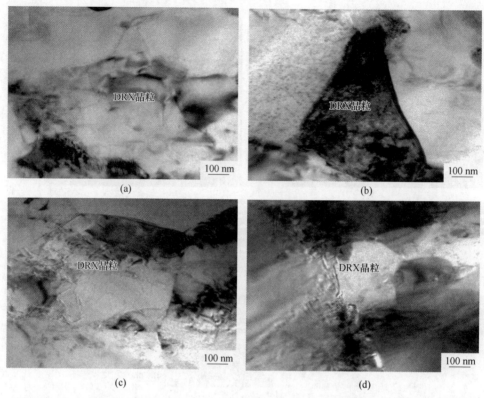

图 6-45   变形温度为 673 K，30%SiCp/Al 复合材料在不同变形速率下的 TEM 图

(a) $\dot{\varepsilon}=10\ \mathrm{s}^{-1}$；(b) $\dot{\varepsilon}=1\ \mathrm{s}^{-1}$；(c) $\dot{\varepsilon}=0.1\ \mathrm{s}^{-1}$；(d) $\dot{\varepsilon}=0.01\ \mathrm{s}^{-1}$

6.6.1.3   30%SiCp/Al 复合材料热变形过程中的析出相形貌

图 6-46 为 30%SiCp/Al 复合材料在不同变形条件下析出相的 TEM 图。由图可以看出，在四种变形条件下，30%SiCp/Al 复合材料热变形后的组织中都含有析出相，析出相的形状主要是椭圆形且尺寸大小不一。对图 6-46 （d）中的衍射花样进行标定，可知 30%SiCp/Al 复合材料在热变形过程中的主要析出相为 Al_2Cu 相。

同时发现，30%SiCp/Al 复合材料在热压缩过程中析出相的多少和尺寸与 lnZ 值的大小有关。当 lnZ 值较大时，析出相数量较多，且尺寸较为细小；当 lnZ 值较小时，析出相数量较少，且其尺寸较为粗大。因此，30%SiCp/Al 复合材料在热压缩过程中析出相的变化规律为：温度升高和应变速率降低，即变形时间延长可以促进析出相的粗化和长大。

由图 6-46 可知，析出相的尺寸均小于 0.1 μm。根据文献对析出相尺寸与动态再结晶之间的关系描述可以得出结论：由于析出相的尺寸较小，析出相阻碍位

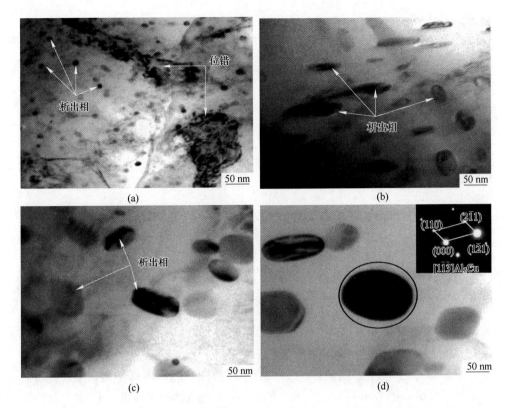

图 6-46 不同变形条件下 30%SiCp/Al 复合材料析出相的 TEM 图

(a) $T=623$ K, $\dot{\varepsilon}=10$ s^{-1} (lnZ=64. 2352); (b) $T=673$ K, $\dot{\varepsilon}=1$ s^{-1} (lnZ=57. 3314);

(c) $T=723$ K, $\dot{\varepsilon}=10$ s^{-1} (lnZ=52. 6692); (d) $T=773$ K, $\dot{\varepsilon}=0.01$ s^{-1} (lnZ=45. 3095)

错运动和晶界迁移并抑制动态再结晶的发生。

图 6-47 为另一组析出相的 TEM 图，由图 6-47（a）可知，在析出相的周围有位错塞积。由 Orowan 理论可知，复合材料在塑性变形过程中，析出相会阻碍位错的运动，同时对位错起到钉扎作用，因而会延缓刃位错的攀移和螺位错的交滑移，减弱动态再结晶形核，进而影响复合材料的位错密度及流变应力的大小。由图 6-47（b）可知，椭圆形的析出相粒子位于再结晶晶粒的晶界位置，此晶界的清晰平直程度远远低于该晶粒的其他位置晶界，且明显阻碍动态再结晶的充分长大。由此可知，析出相不仅能钉扎位错，也可在一定程度上阻碍再结晶晶粒的生长。

因此，随着 lnZ 值的减小，30%SiCp/Al 复合材料的析出相逐渐长大且数量逐渐减小；同时，细小的析出相不仅能钉扎位错，也可在一定程度上阻碍再结晶晶粒的生长。

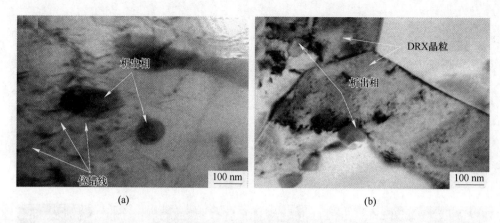

(a)   (b)

图 6-47   30%SiCp/Al 复合材料的析出相形态

(a) $T=673$ K, $\dot{\varepsilon}=10$ s^{-1}（lnZ=59.6340）; (b) $T=673$ K, $\dot{\varepsilon}=0.01$ s^{-1}（lnZ=52.7262）

6.6.1.4   30%SiCp/Al 复合材料热变形过程中位错组态分析

图 6-48 为 30%SiCp/Al 复合材料在不同变形条件下的位错组态。由图可知，随着 lnZ 值的减小，位错密度逐渐降低。

图 6-48（a）为 lnZ 值为 64.2352 时的 TEM 图，晶粒内部位错密度较高，且位错相互缠结。图 6-48（b）为 lnZ 值为 57.3275 时的 TEM 图，位错密度与图 6-48（a）相比，明显减少，能够观察到动态再结晶晶粒，但晶界很模糊，且在晶界处观察到析出相，由于析出相的钉扎作用，阻碍了动态再结晶晶粒的生长。图 6-48（c）为 lnZ 值为 55.0288 时的 TEM 图，lnZ 值进一步减小，动态再结晶晶粒的晶界已经比较清晰，但仍然能够看到位错组织。图 6-48（d）为 lnZ 值为 52.7262 时的 TEM 图，除动态再结晶晶粒外已基本没有位错组织，但动态再结晶晶粒并未完全长大。

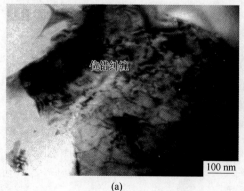

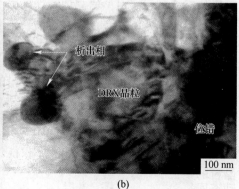

(a)   (b)

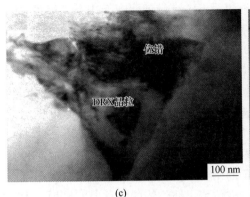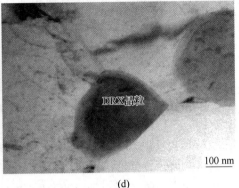

(c)　　　　　　　　　　　　　　　　(d)

图 6-48　不同变形条件下 30%SiCp/Al 复合材料的位错组态

(a) $T = 623$ K, $\dot{\varepsilon} = 10$ s^{-1} ($\ln Z = 64.2352$)；(b) $T = 623$ K, $\dot{\varepsilon} = 0.01$ s^{-1} ($\ln Z = 57.3275$)；

(c) $T = 673$ K, $\dot{\varepsilon} = 0.1$ s^{-1} ($\ln Z = 55.0288$)；(d) $T = 673$ K, $\dot{\varepsilon} = 0.01$ s^{-1} ($\ln Z = 52.7262$)

结合材料的 $\ln Z$ 值可以发现，当 $\ln Z$ 值为 57.3275 时，其 $\ln Z$ 值在表 6-5 中属于较大值；观察其 TEM 图（见图 6-48（b）），虽然位错密度较高，但已经有动态再结晶晶粒的存在。说明在 $\ln Z$ 值较大时，样品内部同时发生了动态回复和动态再结晶。

6.6.2　30%SiCp/Al 复合材料的动态软化机制分析

6.6.2.1　动态回复机制

金属材料在热变形过程中流变应力 σ 与位错密度满足以下关系：

$$\sigma \propto \mu b \sqrt{\rho} \tag{6-45}$$

式中，μ 为剪切模量；b 为柏氏矢量；ρ 为位错密度。

动态回复主要是通过位错的攀移、交滑移等来实现。动态回复的机制即速率控制机制，主要是指基于高温塑性变形过程中位错的产生、增殖、湮灭及滑移，主要有四种方式：（1）刃型位错的攀移；（2）滑动螺型位错上刃型割阶的非守恒运动；（3）三维位错网络的脱缠；（4）螺型位错的交滑移。

在动态回复过程中，通过螺型位错的交滑移和刃型位错的攀移，使异号位错对消，并发生重复多边形化。由于位错发生攀移的同时必须伴有空位扩散过程，需要较高的温度，因此较低温度下主要是交滑移起作用，而螺型位错只有在不扩展状态下，或者扩展螺型位错具有局部聚集时才进行交滑移。流变应力曲线初始阶段的加工硬化速度较低，也表明 SiCp/Al 复合材料在热变形初期发生了强烈的动态回复。

　　通过交滑移可形成与滑移面相垂直的位错墙，在外加应力作用下，位错之间的相互交截及位错的可动距离随应变的增加被限制在一定尺寸范围内，并形成胞状组织。图 6-49 为不同热变形条件下 30%SiCp/Al 复合材料位错胞状组织的 TEM 图，图 6-49（a）为 lnZ = 64.2352 时的位错胞状组织，胞晶壁较厚，在胞晶内可以看到大量的位错缠结，形成高密度的位错网络。随着 lnZ 值的减小（见图 6-49（b）和（c）），胞壁逐渐变薄，而且胞壁也因其位错结构较规则而显得更加清晰。同时，胞的尺寸逐渐长大，胞壁上的位错密度降低而逐渐变成清晰的亚晶界。图 6-49（b）中的亚晶界由一定宽度平行排列的位错网构成。由于亚晶界的位错组态能量较低，因而是一种较为稳定的结构。但在热变形过程中，由于不断受到外加应力的作用，且应变产生的大量空位聚集使位错的攀移速率增加，大量位错通过交滑移和攀移又重新进入亚晶界，从而产生了亚晶界的迁移（重新形成新的亚晶界）。外加应力破坏了亚晶界的平衡，位错运动引起亚晶界的重组，使

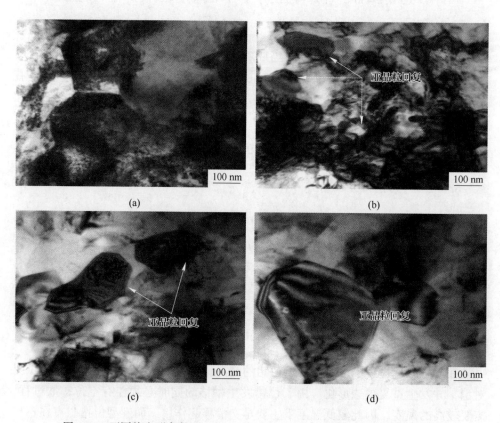

图 6-49　不同热变形条件下 30%SiCp/Al 复合材料位错胞状组织的 TEM 图

（a）$T = 623$ K, $\dot{\varepsilon} = 10$ s^{-1}（lnZ = 64.2352）；（b）$T = 623$ K, $\dot{\varepsilon} = 1$ s^{-1}（lnZ = 61.9327）；
（c）$T = 673$ K, $\dot{\varepsilon} = 10$ s^{-1}（lnZ = 59.6340）；（d）$T = 673$ K, $\dot{\varepsilon} = 1$ s^{-1}（lnZ = 57.3314）

合金中亚晶界发生快速重排，这一位错相互抵消和重排过程即为"重复多边形化"。在一定的变形温度和应变速率条件下，当热变形进入稳态变形阶段后，这些亚晶粒就趋于完整。

材料进入稳态变形后，由于是通过位错的交滑移和攀移来实现动态软化的，因此稳态变形机制是热激活的位错机制，所形成的亚结构完全取决于单位时间内的热激活次数，而热激活次数是 $\ln Z$ 值的函数。随着变形温度的升高或应变速率的降低，$\ln Z$ 值减少（见图 6-49（c）和（d）），原子热激活能力增强，单位应变时间内的热激活次数增加，应变产生的大量空位使攀移迅速进行，位错的相互抵消和重组更加彻底，同时位错可动距离也相应增大，使得重复多边形化更加完善，形成更为完整的亚晶组织。相反地，随着变形温度的降低或应变速率的提高，一方面原子热激活能力下降，位错的可动性降低，使得异号位错相互抵消的概率减少；另一方面，低温时容易造成位错的缠结，高应变速率时易使位错缠结严重，会阻碍位错运动，使得位错可动距离减少，从而形成尺寸较细小的位错胞结构。当位错胞壁在异号位错相互抵消作用下使得位错密度降低到一定程度时，位错胞壁逐渐变得清晰而形成亚晶界，最终可获得尺寸较大的亚晶粒。

通过对图 6-49 进行分析可以发现，动态回复机制满足图 6-50 所示的一般规律。图 6-50 为材料发生动态回复机制时，材料内部组织变化的示意图。热变形后，30%SiCp/Al 复合材料的位错分布很不均匀，如图 6-50（a）所示，当 $\ln Z$ 值较大时，形成位错缠结结构。随着 $\ln Z$ 值的减小，如图 6-50（b）所示，大量位错发生聚集，形成胞状亚结构。胞壁由位错构成，胞内位错密度较低，相邻胞壁间存在微小取向差。如图 6-50（c）~（e）所示，随着 $\ln Z$ 值的降低，处于同一滑移面上的异号位错可以相互吸引而抵消，使位错密度降低。缠结中的位错可以重新组合，胞壁的锋锐化会形成亚晶粒，亚晶粒也会长大。

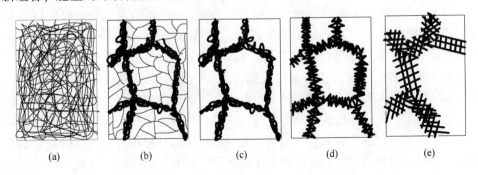

图 6-50 材料的动态回复机制示意图

（a）形变形成位错缠结；（b）形成胞状结构；（c）胞内位错重新排列和抵消；
（d）胞壁的锋锐化形成亚晶粒；（e）亚晶粒长大

6.6.2.2　动态再结晶机制

动态再结晶机制包括动态再结晶晶粒的形核与长大。再结晶的形核是一个比较复杂的过程，根据经典再结晶理论提出的临界晶核尺寸模型[33]，即：

$$R_c = \frac{2\gamma}{\Delta G_v} \tag{6-46}$$

式中，γ 为界面能；ΔG_v 为变形基体与新生核之间的体积自由能差。

当亚晶尺寸达到临界值时，形核过程就可以自发进行。

动态再结晶的形核机制与亚晶晶粒有关，从 TEM 图上可以看出，随着温度的升高，亚晶晶粒尺寸逐渐增大。亚晶晶粒长大至一定尺寸后，可通过一定的形核机制成为动态再结晶。目前广为接受的动态再结晶形核机制主要有以下几种[34]：

（1）亚晶长大。亚晶形成后，材料仍然保留较大的储存能，亚晶将会进一步通过减少小角度界面面积来降低储存能，使得某些较大的亚晶吞并较小的亚晶而长大，其驱动力是大小亚晶界面的界面能差。

（2）亚晶合并。位错的运动使一些亚晶界上的位错转移到周围亚晶上，导致亚晶的合并。合并后亚晶的晶界上位错密度增加，逐渐转化为大角度晶界，从而具有更大的迁移率，这种晶界移动后留下无畸变的晶体构成再结晶核心。

（3）亚晶旋转。位于高位错密度亚晶界两侧的亚晶位向差较大，加热时亚晶界容易发生移动并逐渐变为大角度晶界，于是就作为再结晶核心而长大，此机制常出现在变形程度很大且具有低层错能的金属中。

（4）晶界弓出。晶界弓出主要是因为晶界两侧能量有差异，致使亚晶晶粒界面的局部有限迁移而形成的。晶界弓出的条件是驱使大角度晶界向两侧移动的驱动力不同。在加热时位错的抵消和结构调整，会引起大角度晶界两侧局部区域的不平衡。

图 6-51 为 30%SiCp/Al 复合材料热变形过程中的亚晶合并长大过程中的 TEM 图。图 6-51（a）显示了变形温度为 673 K，应变速率为 10 s^{-1} 时的 TEM 图，从图中可以看到，亚晶结构还没有完全消失，亚晶组织晶界较为清晰，大部分位错因为相互抵消和重组使得位错密度大幅度减少，仅在亚晶晶粒内部发现位错纠缠，较大的亚晶晶粒与旁边较小的亚晶晶粒之间的取向差较小，正在合并相邻的较小亚晶晶粒，正在形成的亚晶晶粒与周围晶粒的对比度较为明显，因此其取向差较大，在变形过程中容易发生迁移成为动态再结晶晶粒核心，从而引发动态再结晶。再结晶形核完成后，通过原子扩散和位置调整，最终使一组亚晶的晶粒取向一致，合并成为一个大晶粒[35]。图 6-51（b）为亚晶晶粒已经合并长大成为一个大晶粒，亚晶晶粒公共边界（见图中的白色平行四边形框）一条已经较为模糊，另一条公共边界稍清晰。

　　晶界两侧界面能量的差值是晶粒长大的驱动力，晶界移动方向如图 6-51（a）中的平行白色箭头所示，最终使晶界更加平直和清晰。通过对此变形条件下的 TEM 图分析可知，亚晶合并长大机制是 30%SiCp/Al 复合材料在等温热压缩过程中的动态再结晶机制之一。

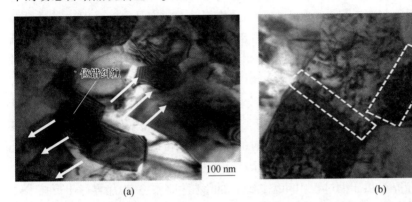

(a)　　　　　　　　　　　　　　　　　(b)

图 6-51　30%SiCp/Al 复合材料热变形过程中的亚晶合并长大过程中的 TEM 图

(a) $T = 673$ K, $\dot{\varepsilon} = 10$ s^{-1}（ln$Z = 59.6340$）；(b) $T = 673$ K, $\dot{\varepsilon} = 0.1$ s^{-1}（ln$Z = 55.0288$）

　　图 6-52 为亚晶合并长大过程示意图，在某些位向差较小的相邻亚晶界上，位错网络通过解离、拆散并转移到其他亚晶界上，导致相邻亚晶界的消失，形成亚晶界的合并。合并后的亚晶，由于尺寸增大，同时不断有位错运动到新亚晶晶界上，位错密度增加，相邻亚晶的位向差增大，因而逐渐转变为大角度晶界，其迁移速度远大于小角度晶界，可以迅速移动，从而成为再结晶晶核[36]。

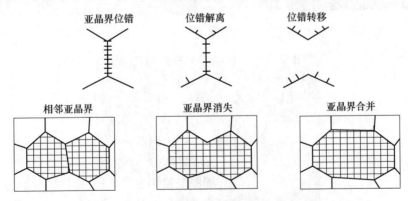

图 6-52　亚晶合并长大过程示意图

　　图 6-53 为 30%SiCp/Al 复合材料在变形温度为 673 K，应变速率为 0.1 s^{-1}时的 TEM 图。从图 6-53（a）中可以看出，在原始晶界附近已经形成了一个再结晶晶粒，尺寸约 200 nm，再结晶晶核的形核位置在晶界右侧位错密度较高的地方，

晶界右侧的位错密度稍高于晶界左侧，晶界左侧较为干净，生长方向为位错密度较低的方向，表明动态再结晶的形核需要较高的位错梯度[37]。因此，晶界右侧亚晶所含应变储存能要高于晶界左侧亚晶所含的应变储存能，致使晶界左右两侧出现能量差，此能量差就成为晶界迁移的驱动力，右侧亚晶晶粒因为具有较高的界面迁移率而向左侧迁移，再加上驱动力的作用，大角度晶界就会因为亚晶局部范围内的迁移而向位错密度低的一侧弓出。当弓出曲率半径达到某一个特定值时，界面就会连续迅速地往外迁移而发生再结晶形核。图 6-53（b）为复合材料在热变形温度为 623 K，应变速率为 0.01 s⁻¹ 时的 TEM 图，同样显示了晶界弓出现象，位于图中间部位的亚晶晶粒内部分布着位错网，白色箭头所指方向为晶界弓出方向，晶界以弓出的方式向中间畸变能较大的亚晶推进。图 6-53（c）为热变形温度为 673 K，应变速率为 10 s⁻¹ 时的 TEM 图，可以在晶界上看到晶界弓出现象，图中所标的 A 晶粒向相邻的 B 晶粒一侧弓出。上述分析表明，30%SiCp/Al 复合材料在等温热压缩过程中动态再结晶的形核机制之一为晶界弓出形核。

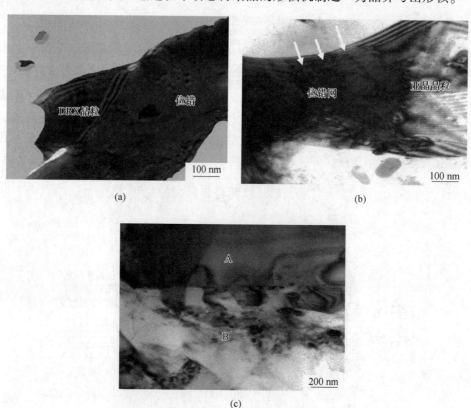

(a)　　　　　　　　　　　　　(b)

(c)

图 6-53　30%SiCp/Al 复合材料热压缩过程中的 TEM 图

（a）$T = 673$ K，$\dot{\varepsilon} = 0.1$ s⁻¹；（b）$T = 623$ K，$\dot{\varepsilon} = 0.01$ s⁻¹；（c）$T = 673$ K，$\dot{\varepsilon} = 10$ s⁻¹

图 6-54 为晶界弓出形核机制的示意图，随着变形的进行，晶界出现褶皱同时伴随着亚晶的形成。部分晶界滑移或剪切，导致非均匀局部应变，晶界出现起伏。该情况下，突出部分的晶界就很容易弓出和应变诱发亚晶导致新的动态再结晶晶粒。

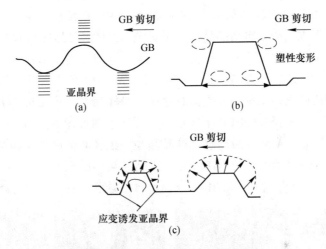

图 6-54　晶界弓出机制形核过程示意图

（a）晶界皱褶和亚晶完成；（b）部分晶界滑移/剪切导致非均匀局部应变；

（c）晶界弓出和应变诱导亚晶导致新的 DRX 晶粒形成

综上所述，30%SiCp/Al 复合材料在热变形中存在的动态再结晶形核机制是：亚晶合并、亚晶长大和晶界弓出。

6.6.3　30%SiCp/Al 复合材料的软化机制与 Z 参数的关系

传统观点认为，铝及其复合材料的层错能较高，热变形过程中位错易发生攀移和交滑移，复合材料难以发生动态再结晶。但是，已经有文献报道铝合金在热变形过程中发生了动态再结晶[38-39]，因此，层错能并不是铝合金在热压缩过程中的关键因素。也有文献报道，对于铝合金中仅在低 Z 参数区（Z 参数在某一临界值以下）才会发生动态再结晶[40]。

复合材料在热压缩过程中的软化机制有动态回复和动态再结晶两种。普遍认为，随着 Z 参数的降低，复合材料在热压缩过程中由动态回复转变为动态再结晶，Z 参数较高时，其变形区域的软化机制为动态回复；而 Z 参数较低的区域，软化机制为动态再结晶；Z 参数处于中间值时，动态再结晶与动态回复同时发生作用。因此，Z 参数通常作为判断动态流变软化机制的一个标准。

通过分析前面的透射组织（见图 6-49、图 6-51、图 6-53）会发现，在变形温度较低时，存在有动态回复机制。由复合材料的应力-应变曲线及热变形激活能可知，动态再结晶机制为主要的软化机制，但在 lnZ 值较大（变形温度较低、应变速率较高）时有一定的动态回复发生。实验选取 Z 参数值较高且 Z 值较为接近的情况（lnZ 的范围为 55. 0288 ~ 61. 9327），确定在该变形条件下的软化机制。

图 6-55 为 lnZ 值相近时 30%SiCp/Al 复合材料的 TEM 图。由图可知，所有样品的组织中都生成了动态再结晶晶粒，表明样品在等温热压缩过程中发生了动态再结晶，但再结晶的程度不同。由图 6-55（a）可知，当变形温度为 623 K、应变速率为 1 s⁻¹（lnZ = 61. 9327）时，观察到 TEM 图中有动态再结晶晶粒，但晶界模糊，同时还可观察到亚晶及位错的存在。当样品在变形温度为 623 K、应变速率为 0. 1 s⁻¹（lnZ = 59. 6301）下变形时，其透射图如图 6-55（b）所示，该图中有四个典型区域：A 区域为动态再结晶晶粒，B 区域为高密度位错缠结区，C 区域为带有平直位错墙的晶粒，D 区域为亚晶晶粒。由图 6-55（c）可知，当变形温度为 623 K、应变速率为 0. 01 s⁻¹（lnZ = 57. 3275）时，不但有动态再结晶晶

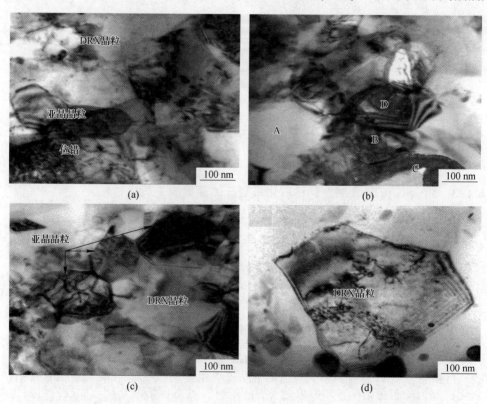

图 6-55 lnZ 值较大时，不同变形条件下 30%SiCp/Al 复合材料的 TEM 图

(a) T = 623 K, $\dot{\varepsilon}$ = 1 s⁻¹（lnZ = 61. 9327）；(b) T = 623 K, $\dot{\varepsilon}$ = 0. 1 s⁻¹（lnZ = 59. 6301）；

(c) T = 623 K, $\dot{\varepsilon}$ = 0. 01 s⁻¹（lnZ = 57. 3275）；(d) T = 673 K, $\dot{\varepsilon}$ = 0. 1 s⁻¹（lnZ = 55. 0288）

粒，还有大量的亚晶晶粒，亚晶晶界清晰且锋锐，一些取向相同的亚晶晶粒正在合并。由图 6-55（a）~（c）可知，在对应的变形条件下，样品中同时存在动态回复和动态再结晶。图 6-55（d）可知，在变形温度为 673 K、应变速率为 0.1 s^{-1}（$\ln Z = 55.0288$）下变形时，再结晶晶粒表现为清晰的等轴晶，且晶界平直，其中也能观察到圆形的析出相粒子对晶界有明显的钉扎作用；表明在该变形条件下，动态再结晶软化机制占主导地位。

为验证当某一变形条件发生变化时，$\ln Z$ 值与软化机制的关系是否仍然成立，分别对温度为 673 K，应变速率为 1 s^{-1}、10 s^{-1} 时的 TEM 图进行了进一步分析。图 6-56 为上述两个 $\ln Z$ 值时的 TEM 图，当 $\ln Z = 59.6340$ 时，在图 6-56（a）中可以观察到动态再结晶晶粒，晶粒边界不规则。与此同时，可以观察到位错胞状组织的存在。图 6-56（b）为 $\ln Z = 57.3314$ 时的 TEM 图，图中有动态再结晶晶粒存在，但晶界较为模糊，也能观察到位错网的存在。

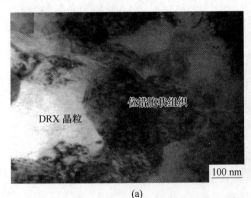
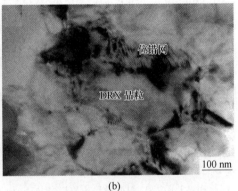

图 6-56　30%SiCp/Al 复合材料不同 $\ln Z$ 值时的 TEM 图

（a）$T = 673$ K，$\dot{\varepsilon} = 10$ s^{-1}（$\ln Z = 59.6340$）；（b）$T = 673$ K，$\dot{\varepsilon} = 1$ s^{-1}（$\ln Z = 57.3314$）

通过对图 6-56 进行分析可以验证，当 $\ln Z$ 高于 57.3275 时，其软化机制由动态回复与动态再结晶共同作用。

参 考 文 献

［1］ NARAYANA MURTY S V S, NAGESWARA RAO B, KASHYAP B P. Instability criteria for hot deformation of materials ［J］. International Materials Reviews, 2000, 45（1）: 15-26.

［2］ BERGSTRÖM Y. A dislocation model for the stress-strain behaviour of polycrystalline α-Fe with special emphasis on the variation of the densities of mobile and immobile dislocations ［J］. Materials Science and Engineering, 1970, 5（4）: 193-200.

［3］ LAASRAOUI A, JONAS J J. Prediction of steel flow stresses at high temperatures and strain rates ［J］. Metallurgical Transactions A, 1991, 22（7）: 1545-1558.

［4］ DEVADAS C, BARAGAR D, RUDDLE G, et al. The thermal and metallurgical state of steel strip during hot rolling: Part Ⅱ. Factors influencing rolling loads ［J］. Metallurgical Transactions A, 1991, 22 (2): 321-333.

［5］ REZAEI ASHTIANI H R, PARSA M H, BISADI H. Constitutive equations for elevated temperature flow behavior of commercial purity aluminum ［J］. Materials Science and Engineering A, 2012, 545: 61-67.

［6］ SELLARS C M, TEGART W J M G. Hot workability ［J］. International Metallurgical Reviews, 1972, 17 (1): 1-24.

［7］ ZENER C, HOLLOMON J H. Effect of strain rate upon the plastic flow of steel ［J］. Journal of Applied Physics, 1944, 15 (1): 22-27.

［8］ 程虎. 3104 铝合金热变形行为研究 ［D］. 重庆: 重庆大学, 2006.

［9］ 王晓军. 搅拌铸造 SiC 颗粒增强镁基复合材料高温变形行为研究 ［D］. 哈尔滨: 哈尔滨工业大学, 2008.

［10］ PRASAD Y, GEGEL H L, DORAIVELU S M, et al. Modeling of dynamic material behavior in hot deformation: forging of Ti-6242 ［J］. Metallurgical Transactions A, 1984, 15 (10): 1883-1892.

［11］ PRASAD Y V R K. Author's reply: Dynamic materials model: Basis and principles ［J］. Metallurgical and Materials Transactions A, 1996, 27 (1): 235-236.

［12］ 郝世明, 谢敬佩. 30%SiCp/2024Al 复合材料的热变形行为及加工图 ［J］. 粉末冶金材料科学与工程, 2014, 19 (1): 1-7.

［13］ BHAT B V R, MAHAJAN Y R, ROSHAN H M, et al. Processing maps for hot-working of powder metallurgy 1100 Al-10vol% SiC-particulate metal-matrix composite ［J］. Journal of Materials Science, 1993, 28 (8): 2141-2147.

［14］ BHAT B V R, MAHAJAN Y R, PRASAD Y. Effect of volume fraction of SiCp reinforcement on the processing maps for 2124Al matrix composites ［J］. Metallurgical and Materials Transactions A, 2000, 31 (3): 629-639.

［15］ PRASAD G, GOERDELER M, GOTTSTEIN G. Work hardening model based on multiple dislocation densities ［J］. Materials Science and Engineering A, 2005, 400: 231-233.

［16］ ROLLETT A D, KOCKS U F. A review of the stages of work hardening ［J］. Solid State Phenomena, 1993, 35: 1-18.

［17］ POLIAK E I, JONAS J J. A one-parameter approach to determining the critical conditions for the initiation of dynamic recrystallization ［J］. Acta Materialia, 1996, 44 (1): 127-136.

［18］ POLIAK E I, JONAS J J. Initiation of dynamic recrystallization in constant strain rate hot deformation ［J］. ISIJ International, 2003, 43 (5): 684-691.

［19］ 欧阳德来, 鲁世强, 黄旭, 等. TA15 钛合金 β 区变形动态再结晶的临界条件 ［J］. 中国有色金属学报, 2010, 20 (8): 1539-1544.

［20］ NAJAFIZADEH A, JONAS J J. Predicting the critical stress for initiation of dynamic recrystallization ［J］. ISIJ International, 2006: 1679-1684.

［21］ SELLARS C M, WHITEMAN J A. Recrystallization and grain growth in hot rolling ［J］. Metal

Science, 1979, 13（3）：187-194.

［22］ LV B J, PENG J, SHI D W, et al. Constitutive modeling of dynamic recrystallization kinetics and processing maps of Mg-2. 0Zn-0. 3Zr alloy based on true stress-strain curves ［J］. Materials Science and Engineering A, 2013, 560：727-733.

［23］ XU Y, HU L X, SUN Y. Dynamic recrystallization kinrtics of as-cast AZ91D alloy ［J］. Transactions of Nonferrous Metals Society of China, 2014, 24（6）：1683-1689.

［24］ HE Y B, PAN Q L, CHEN Q, et al. Modeling of strain hardening and dynamic recrystallization of ZK60 magnesium alloy during hot deformation ［J］. Transactions of Nonferrous Metals Society of China, 2012, 22（2）：246-254.

［25］ XU Y W, TANG D, SONG Y, et al. Prediction model of the austenite grain growth in a hot rolled dual phase steel ［J］. Materials & Design, 2012, 36：275-278.

［26］ WANG M H, LI Y F, WANG W H, et al. Quantitative analysis of work hardening and dynamic softening behavior of low carbon alloy steel based on the flow stress ［J］. Materials & Design, 2013, 45：384-392.

［27］ WANG J, XIAO H, XIE H B, et al. Study on hot deformation of carbon structural steel with flow stress ［J］. Materials Science and Engineering A, 2012, 539：294-300.

［28］ XU D, ZHU M Y, TANG Z Y, et al. Determination of the dynamic recrystallization kinetics model for SCM435 steel ［J］. Journal of Wuhan University of Technology-Mater. Sci. Ed., 2013, 28（4）：819-824.

［29］ CHEN X M, LIN Y C, WEN D X, et al. Dynamic recrystallization behavior of a typical nickel-based super-alloy during hot deformation ［J］. Materials & Design, 2014, 57：568-577.

［30］ 欧阳德来, 鲁世强, 崔霞, 等. TA15钛合金动态再结晶晶粒生长模型 ［J］. 稀有金属材料与工程, 2010, 39（7）：1162-1165.

［31］ HU H E, ZHEN L, ZHANG B Y, et al. Microstructure characterization of 7050 aluminum alloy during dynamic recrystallization and dynamic recovery ［J］. Materials Characterization, 2008, 59（9）：1185-1189.

［32］ HUANG X D, ZHANG H, HAN Y, et al. Hot deformation behavior of 2026 aluminum alloy during compression at elevated temperature ［J］. Materials Science and Engineering A, 2010, 527（3）：485-490.

［33］ 毛卫民, 赵新兵. 金属的再结晶与晶粒长大 ［M］. 北京：冶金工业出版社, 1994：29-434.

［34］ 刘文义. 7085铝合金热加工力学行为及微观组织演变规律研究 ［D］. 重庆：重庆大学, 2014：61-65.

［35］ 梁文杰, 潘清林, 何运斌. 含钪Al-Cu-Li-Zr合金的热变形行为及组织演化 ［J］. 中国有色金属学报, 2011, 21（5）：988-994.

［36］ 林亮华, 刘志义, 韩向楠, 等. 大变形量Al-Zn-Mg-Cu合金的热轧板再结晶行为 ［J］. 中南大学学报, 2011, 42（10）：2990-2995.

［37］ 刘毅, 许昆, 罗锡明, 等. Haynes230合金热变形组织演化规律研究 ［J］. 稀有金属材料与工程, 2013, 42（9）：1820-1825.

［38］ WANG C, YU F, ZHAO D, et al. Hot deformation and processing maps of DC cast Al-15%Si alloy [J]. Materials Science and Engineering A, 2013, 577: 73-80.

[39] KAIBYSHEV R, SITDIKOV O, GOLOBORODKO A, et al. Grain refinement in as-cast 7475 aluminum alloy under hot deformation [J]. Materials Science and Engineering A, 2003, 344 (1): 348-356.

[40] LIU X Y, PAN Q L, HE Y B, et al. Flow behavior and microstructural evolution of Al-Cu-Mg-Ag alloy during hot compression deformation [J]. Materials Science and Engineering A, 2009, 500 (1): 150-154.